U0245665

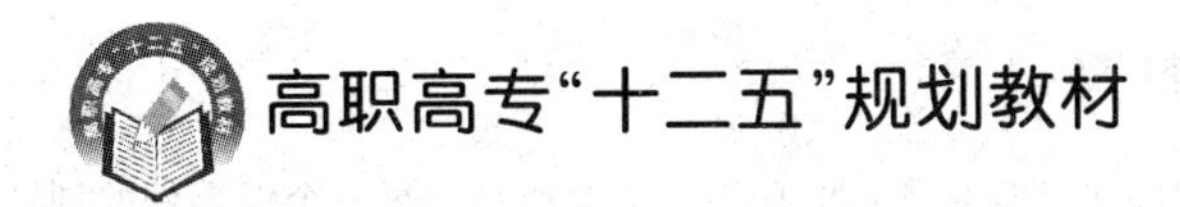

基于UG NX6.0的
钣金成形工艺实训

主　编　丁宇涛　林　君
副主编　王　舟　夏传熙

北京航空航天大学出版社

内 容 简 介

本书是UG NX 6.0钣金设计的实训用书，选用的实例都是常见的日用和工业产品。每一个钣金件的创建步骤都很详细、具体，并且图文并茂，可以引导读者准确地完成模型的创建，使读者能更快、更深入地理解UG钣金设计中的概念、命令及功能。

本书完全采用UG NX 6.0的实际操作界面，采用软件中真实的对话框、按钮和图标，使读者能够直观、准确地操作软件进行学习。

本书内容丰富、实例生动、讲解详细、图文并茂，可作为高等职业技术院校学生和各类培训学校学员的CAD/CAM课程的上机练习教材，也可作为广大工程技术人员和三维设计爱好者学习UG钣金设计的参考书。

图书在版编目(CIP)数据

基于UG NX6.0的钣金成形工艺实训 /丁宇涛，林君主编. -- 北京 :北京航空航天大学出版社，2014.8
ISBN 978-7-5124-1233-0

Ⅰ.①基… Ⅱ.①丁… ②林… Ⅲ.①钣金工—计算机辅助设计—应用软件—教材 Ⅳ.①TG382-39

中国版本图书馆CIP数据核字(2014)第191062号

基于UG NX6.0的钣金成形工艺实训

主　编　丁宇涛　林　君
副主编　王　舟　夏传熙
责任编辑　孙兴芳

*

北京航空航天大学出版社出版发行
北京市海淀区学院路37号(邮编100191)　http://www.buaapress.com.cn
发行部电话:(010)82317024　传真:(010)82328026
读者信箱:goodtextbook@126.com　邮购电话:(010)82316524
北京兴华昌盛印刷有限公司印装　各地书店经销

*

开本:787×1 092　1/16　印张:8　字数:205千字
2014年8月第1版　2014年8月第1次印刷　印数:3 000册
ISBN 978-7-5124-1233-0　定价:18.00元

若本书有倒页、脱页、缺页等印装质量问题，请与本社发行部联系调换。联系电话:(010)82317024

前　言

UG(Unigraphics NX)是 Siemens PLM Software 公司出品的一个产品工程解决方案,它为用户的产品设计及加工过程提供了数字化造型和验证手段。Unigraphics NX 针对用户的虚拟产品设计和工艺设计的需求,提供了经过实践验证的解决方案。其内容包括概念设计、工业造型设计、三维模型设计、分析计算、动态模拟与仿真、工程图、数控编程等,应用范围涉及航天航空、汽车、机械、造船、数控加工等领域。

要熟练掌握 UG 钣金设计,只靠理论学习是远远不够的。编写本书的目的正是为了使读者通过书中的实例,迅速掌握各种钣金件的建模方法、技巧和思路,进一步提高 UG 钣金设计能力。

本书按照项目驱动、任务导向的教学理念,在实践教学过程中以工学结合的教学思想为出发点,围绕 UG 钣金成形工艺的关键过程,将实训环节分为两大模块、15 个具体项目。项目 1～4 为基础操作练习,重点在于熟悉 UG NX 6.0 钣金设计界面,并掌握弯边、折弯、冲裁等基本命令;项目 5～15 为综合实例练习,通过 11 个具体的日常和工业产品,进一步掌握各种钣金命令的应用,以提升 UG 钣金设计的综合能力。

本书作者团队由具有多年 UG 钣金设计课程教学经验的教师组成,由丁宇涛、林君担任主编,王舟、夏传熙担任副主编。具体分工为:丁宇涛编写项目 1～4、项目 7～8,林君编写项目 9～13,王舟编写项目 5～6,夏传熙编写项目 14～15。

本书由四川航天职业技术学院胡文彬教授担任主审。

尽管我们在《基于 UG NX 6.0 的钣金成形工艺实训》教材建设的特色方面做出了很多努力,但其中的错误和不足之处在所难免,恳请各相关教学单位和读者在使用过程中给予关注并多提一些宝贵的意见和建议。

编　者

2014 年 6 月 15 日

目　　录

第一部分　基本操作

实训项目 1

1.1　熟悉钣金基础模块的工作界面

打开文件 F:\UG NX 6.0 Sheet Metal\project-1，如图 1.1 所示，请分别指出标题栏、下拉菜单栏、工具条按钮区、提示栏、状态栏、图形区、部件导航器区及资源工具条区。

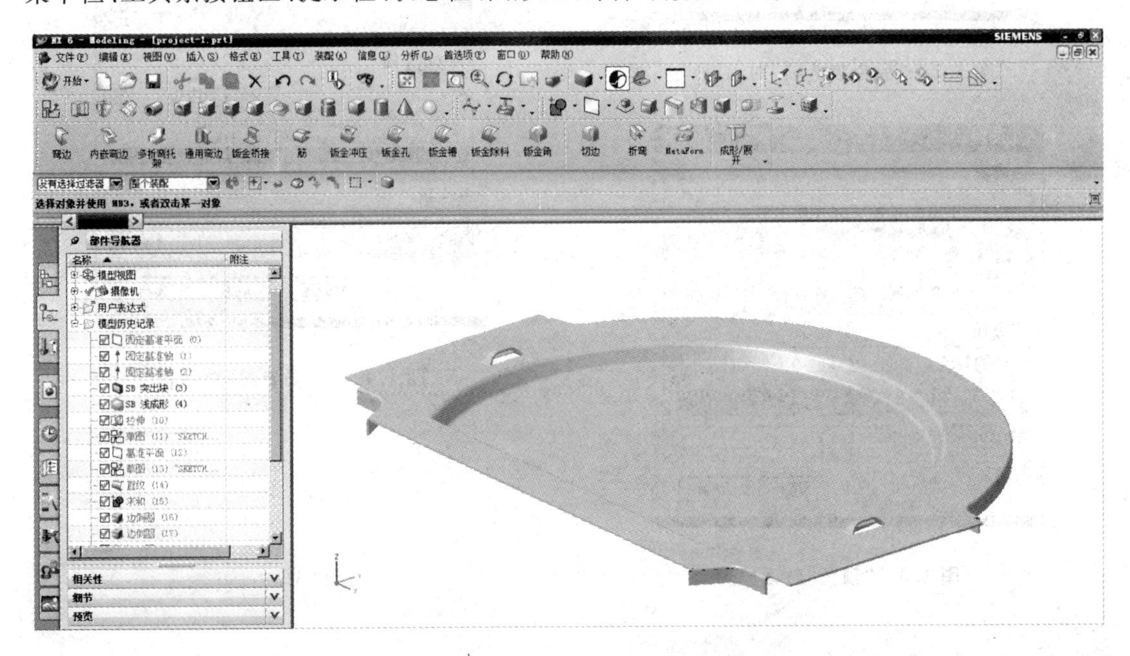

图 1.1　UG NX 6.0 钣金基础模块工作界面

1.2　钣金基础模块的首选项设置

Step1：选择“首选项”→“钣金”命令，系统弹出如图 1.2 所示的“钣金首选项”对话框。

Step2：设置零件材料为不锈钢(stainless_steel)，如图 1.2 所示。

Step3：设置参考直线颜色为红色，如图 1.3 所示。

Step4：设置全局参数，如图 1.4 所示。

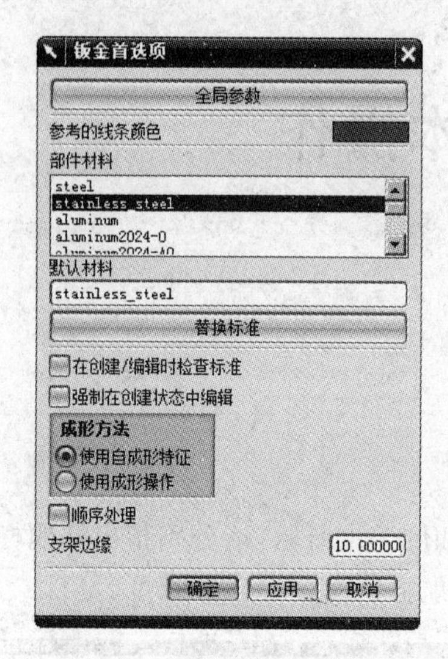

图 1.2 “钣金首选项”对话框

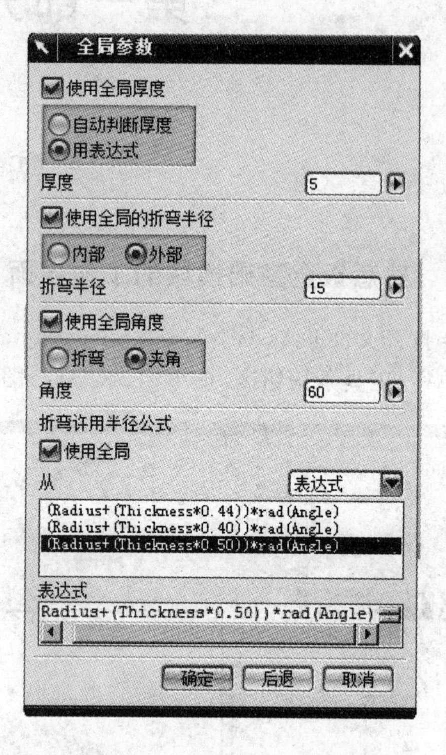

图 1.4 “全局参数”对话框

图 1.3 “颜色”对话框

实训项目 2

完成如图 2.1 所示的钣金体。

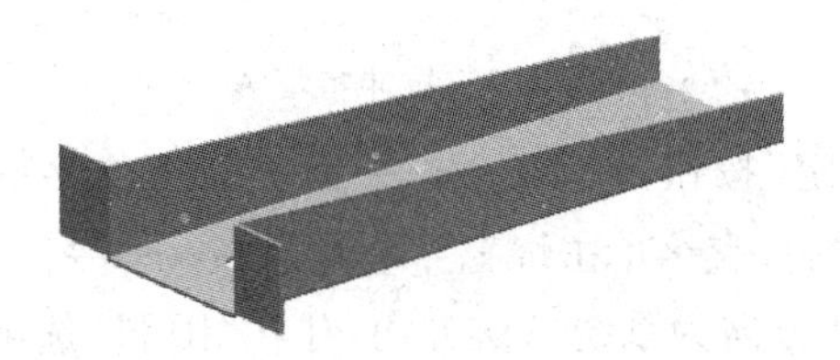

图 2.1　钣金体

Step1：新建文件。

选择“文件”→“新建”命令(或直接单击工具栏按钮)，弹出“新建”对话框，如图 2.2 所示。新建名称为“project-2”的模型文件，文件夹路径为 F:\UG NX 6.0 Sheet Metal，设置零件模型单位为“毫米”，并单击“确定”按钮进入建模环境。

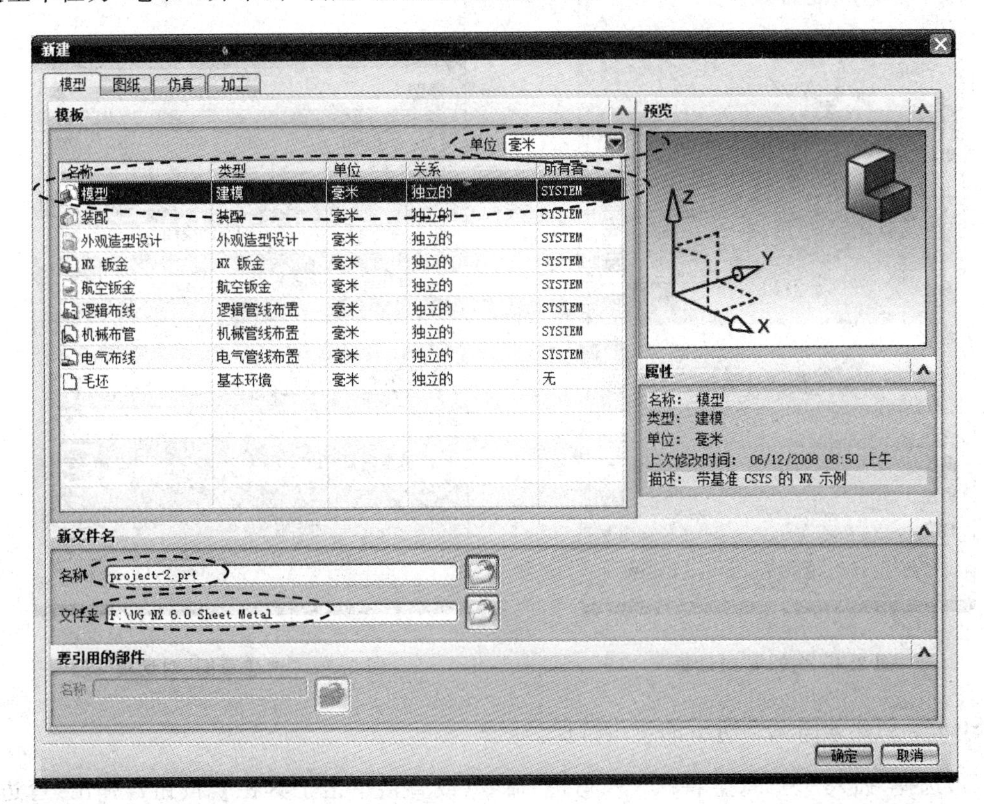

图 2.2　“新建”对话框

Step2：创建如图 2.3 所示的拉伸特征 A 作为该零件的基础特征。

(1)选择“插入”→“设计特征”→“拉伸”命令(或单击工具栏按钮)，弹出“拉伸”对话框，如图 2.4 所示。

(2)定义拉伸剖面：单击“拉伸”对话框中的“绘制截面”按钮，弹出“创建草图”对话框，如

图 2.3　拉伸特征 A

图 2.5 所示。直接单击“确定”按钮，以 XC-YC 平面作为草绘平面，进入草绘环境，绘制如图 2.6 所示的草图。绘制完成后，直接单击屏幕左上角的完成草图按钮，退出草图环境。

(3)定义拉伸参数：拉伸方向为系统默认方向，并在“限制”选项组中输入拉伸开始值和结束值，如图 2.4 所示，其余选项默认。

(4)单击“确定”按钮，完成拉伸特征 A 的创建。

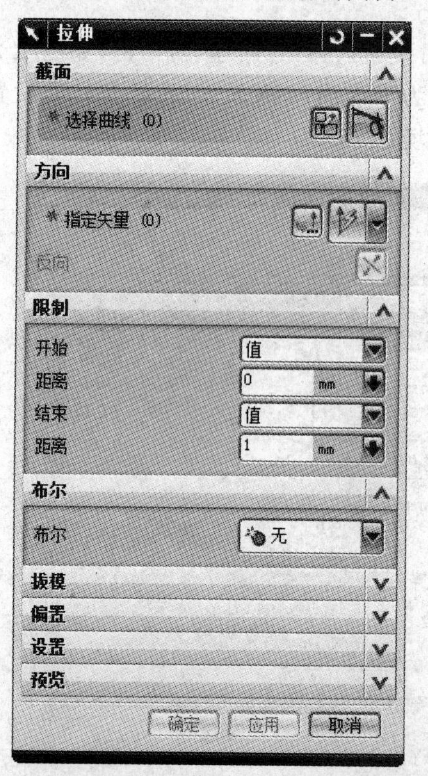

图 2.4　“拉伸”对话框

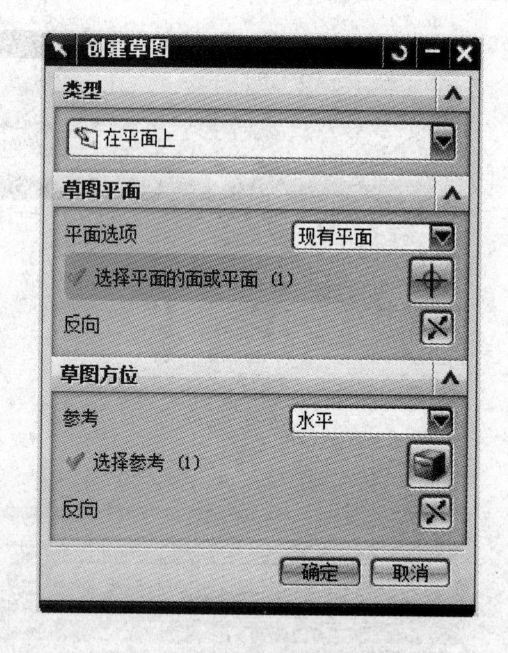

图 2.5　“创建草图”对话框

Step3：创建如图 2.7 所示的弯边特征 A。

(1)选择“插入”→“钣金特征”→“弯边”命令(或直接单击工具栏按钮)，弹出“弯边”对话框，如图 2.8 所示。

(2)定义折弯边：选取如图 2.9 所示实体的上边缘为折弯边。

(3)输入弯边参数，如图 2.8 所示，其余选项默认。

(4)单击“确定”按钮，完成弯边特征 A 的创建。

Step4：创建如图 2.10 所示的弯边特征 B，方法同弯边特征 A 的创建。

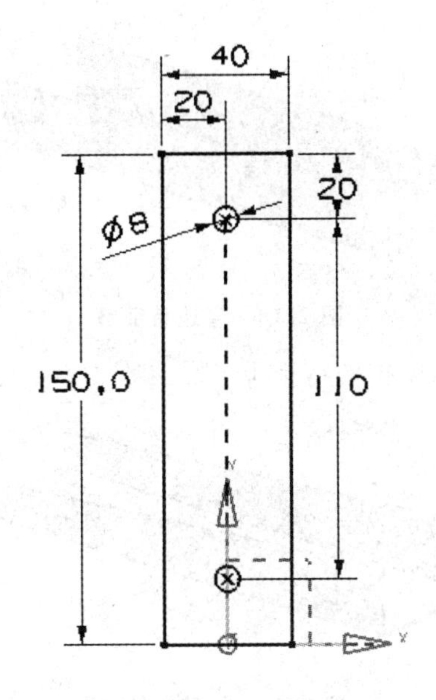

图 2.6　剖面草图

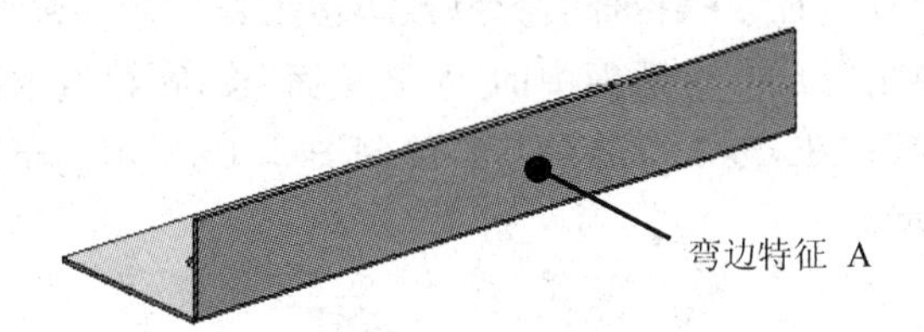

图 2.7　弯边特征 A

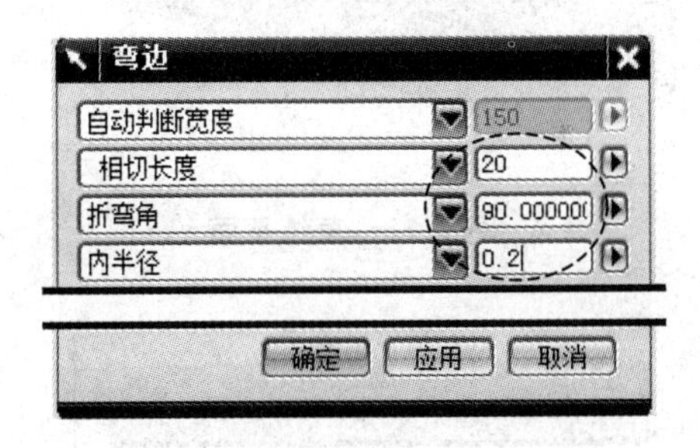

图 2.8　“弯边”对话框

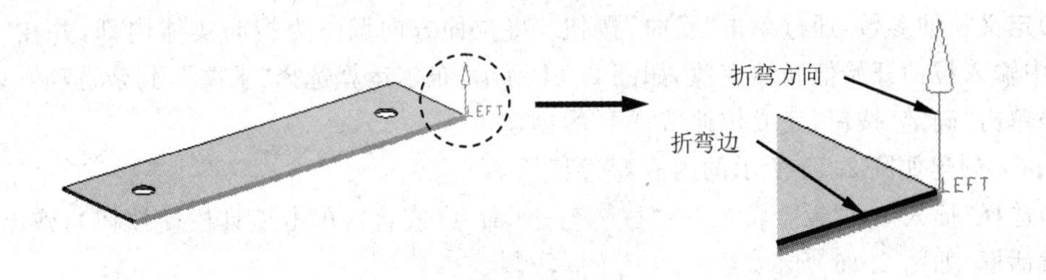

图 2.9　折弯边示意图

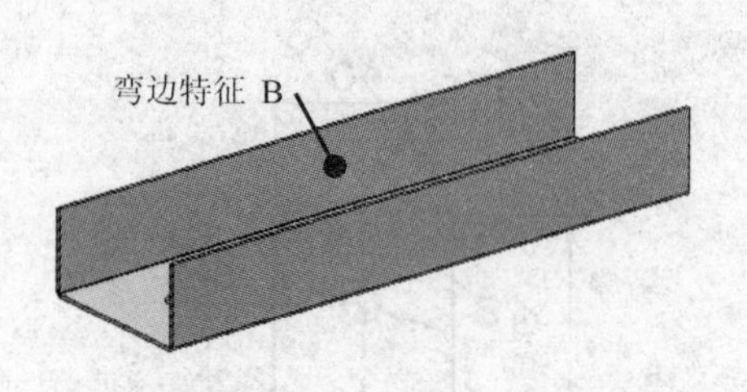

图 2.10 弯边特征 B

Step5：创建如图 2.11 所示的拉伸特征 B。

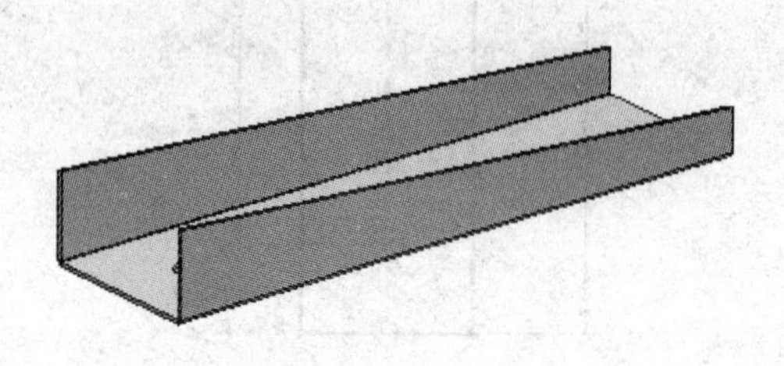

图 2.11 拉伸特征 B

(1)选择“插入”→“设计特征”→“拉伸”命令(或单击工具栏按钮),弹出“拉伸”对话框。

(2)定义拉伸剖面:单击“拉伸”对话框中的“绘制截面”按钮,选取图 2.12 所示的模型表面为草绘平面,单击“确定”按钮,进入草绘环境。绘制图 2.13 所示的草图。绘制完成后,直接单击按钮,退出草图环境。

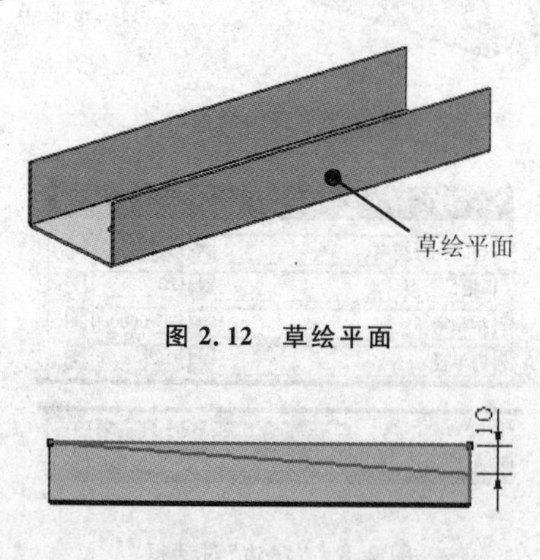

图 2.12 草绘平面

图 2.13 剖面草图

(3)定义拉伸参数:通过单击“反向”按钮,将拉伸方向调整为指向实体内部,并在“限制”选项组中输入拉伸开始值和结束值,如图 2.14 所示,布尔运算选择“求差”,其余选项默认。

(4)单击“确定”按钮,完成拉伸特征 B 的创建。

Step6：创建如图 2.15 所示的内嵌弯边特征 A。

(1)选择“插入”→ “钣金特征”→“嵌入弯边”命令(或直接单击工具栏按钮),弹出“内嵌弯边”对话框,如图 2.16 所示。

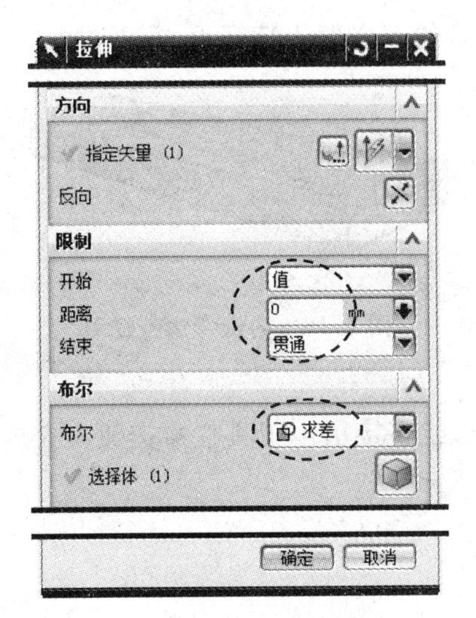

图 2.14 拉伸参数的设置

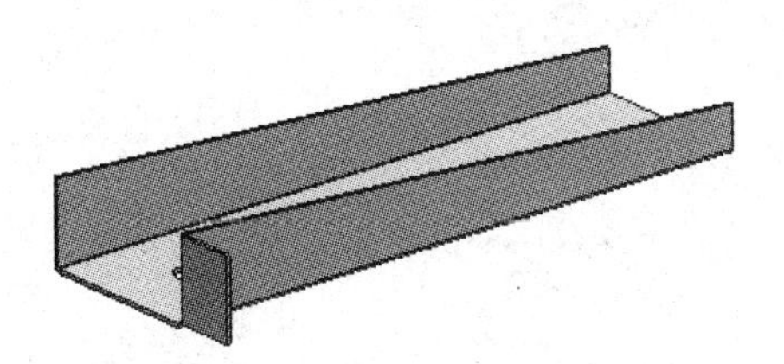

图 2.15 内嵌弯边特征 A

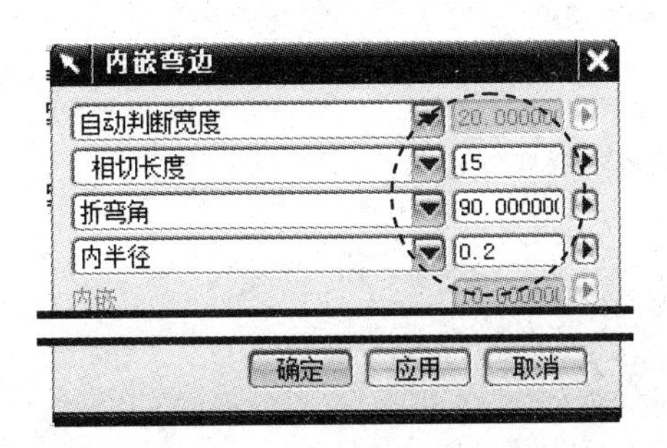

图 2.16 "内嵌弯边"对话框

(2)定义折弯边:选取如图 2.17 所示的实体边缘为折弯边。

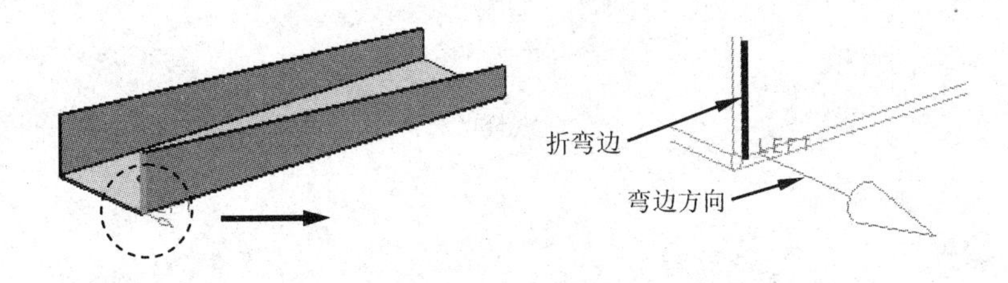

图 2.17 折弯边示意图

(3)输入弯边参数,如图 2.16 所示,其余选项默认。

(4)单击"确定"按钮,完成内嵌弯边特征 A 的创建。

Step7：创建如图 2.18 所示的内嵌弯边特征 B，方法同内嵌弯边特征 A 的创建。

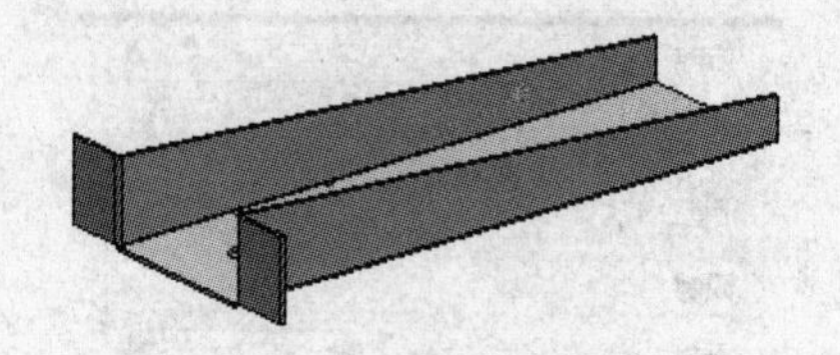

图 2.18 内嵌弯边特征 B

Step8：保存零件模型。

选择“文件”→“保存”命令（或直接单击工具栏按钮），完成零件模型的保存。

实训项目 3

完成如图 3.1 所示的钣金体。

图 3.1　钣金体

Step1：新建文件。

选择“文件”→“新建”命令（或直接单击工具栏按钮），弹出“新建”对话框。新建名称为“project-3”的模型文件，设置零件模型单位为“毫米”，并单击“确定”按钮进入建模环境。

Step2：创建如图 3.2 所示的拉伸特征 A。

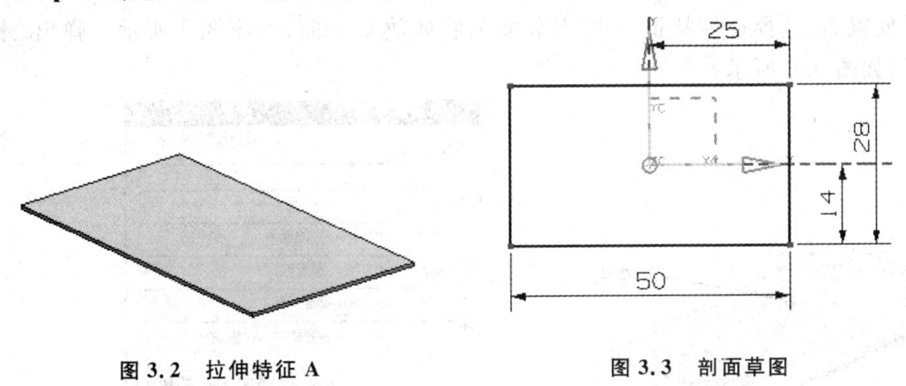

图 3.2　拉伸特征 A　　　　图 3.3　剖面草图

(1)选择“插入”→“设计特征”→“拉伸”命令（或单击工具栏按钮），弹出“拉伸”对话框。

(2)定义拉伸剖面：单击“拉伸”对话框中的“绘制截面”按钮，弹出“创建草图”对话框。直接单击“确定”按钮，以 XC-YC 平面作为草绘平面，进入草绘环境，绘制图 3.3 所示的草图。绘制完成后，直接单击完成草图按钮，退出草图环境。

(3)定义拉伸参数：拉伸方向为系统默认方向，并在“限制”选项组中输入拉伸开始值为 0，拉伸结束值为 0.5，其余选项默认。

(4)单击“确定”按钮，完成拉伸特征 A 的创建。

Step3：创建如图 3.4 所示的腔体特征 A。

(1)选择“插入”→“设计特征”→“腔体”命令（或直接单击工具栏按钮），弹出“腔体”对话框，如图 3.5 所示。

(2)选择“矩形”腔体，弹出“矩形腔体”对话框，如图 3.6 所示。

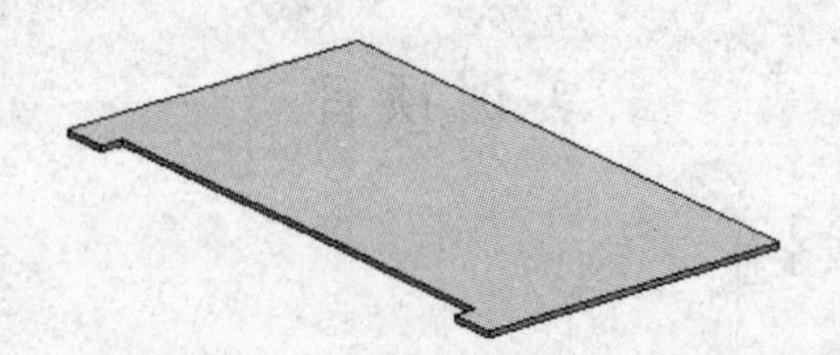

图 3.4 腔体特征 A

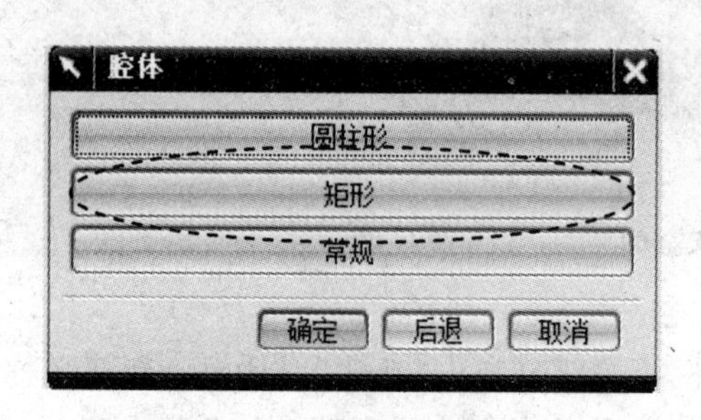

图 3.5 “腔体”对话框

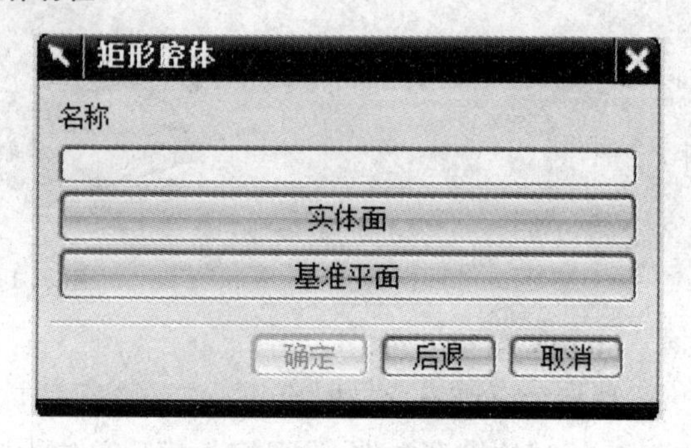

图 3.6 “矩形腔体”对话框

(3)定义放置面:选择拉伸特征 A 的上表面为腔体放置平面,如图 3.7 所示。弹出“水平参考”对话框,如图 3.8 所示。

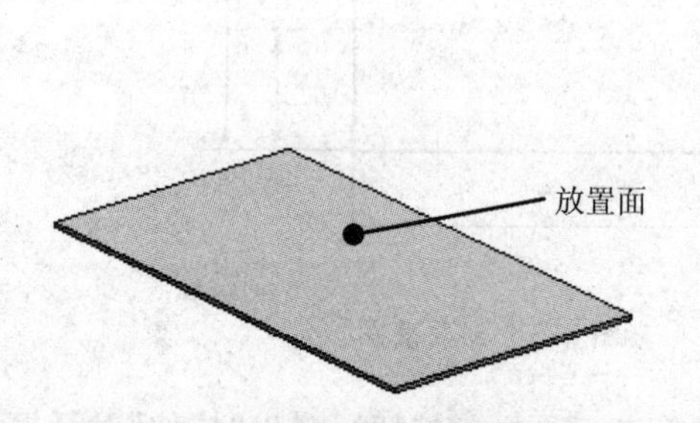

图 3.7 腔体放置平面

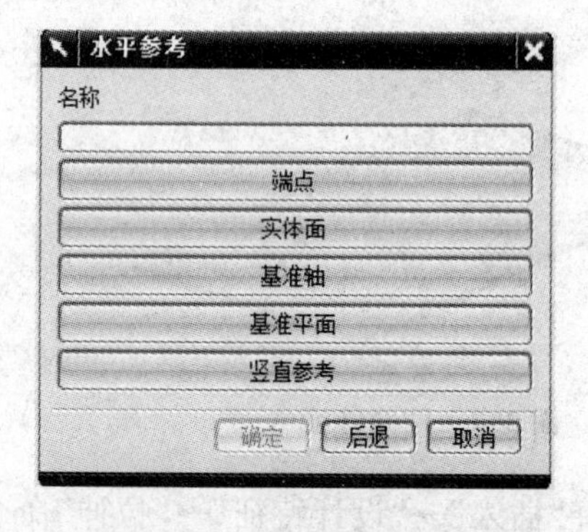

图 3.8 “水平参考”对话框

(4)定义水平参考:选择图 3.9 所示的实体边缘为水平参考。

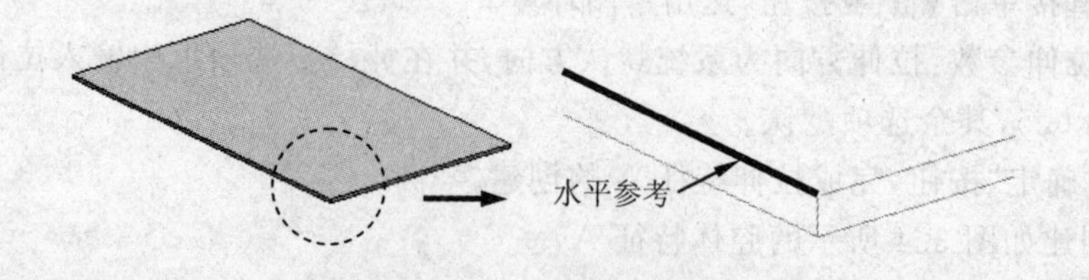

图 3.9 水平参考示意图

(5)定义腔体参数:腔体参数的设置如图 3.10 所示。

(6)腔体的定位:如图 3.11 所示,首先利用“线到线”的方式(单击“定位”对话框中的工图标)定位图 3.11 所示两条边缘共线,再利用“垂直”的方式(单击“定位”对话框中的图标)定

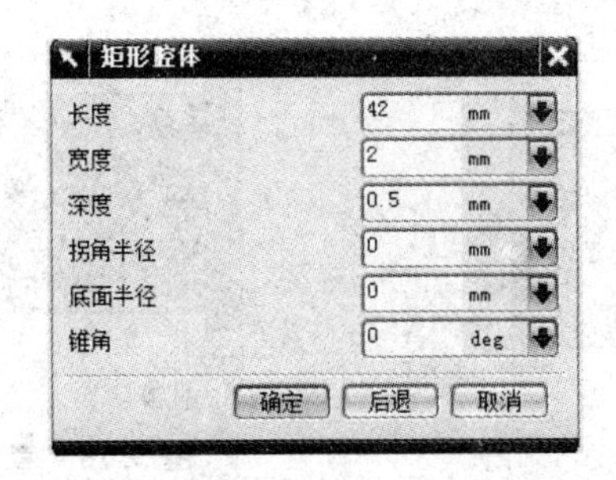

图 3.10　矩形腔体参数的设置

位图 3.11 所示腔体短中心线到拉伸特征 A 短边缘的距离为 25。

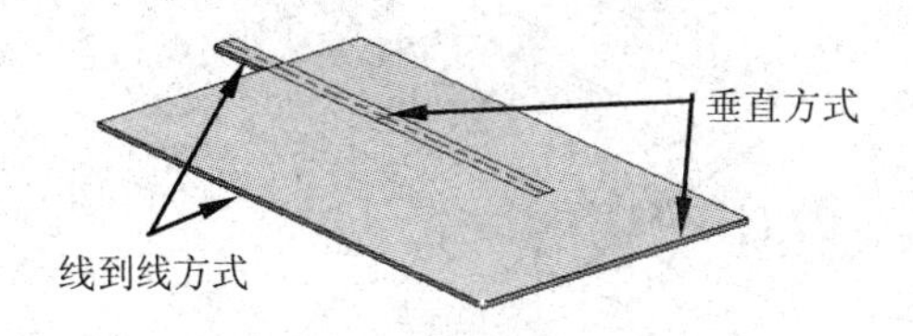

图 3.11　腔体定位示意图

(7)单击“确定”按钮，完成腔体特征 A 的创建。

Step4：创建如图 3.12 所示的腔体特征 B，方法同腔体特征 A 的创建。

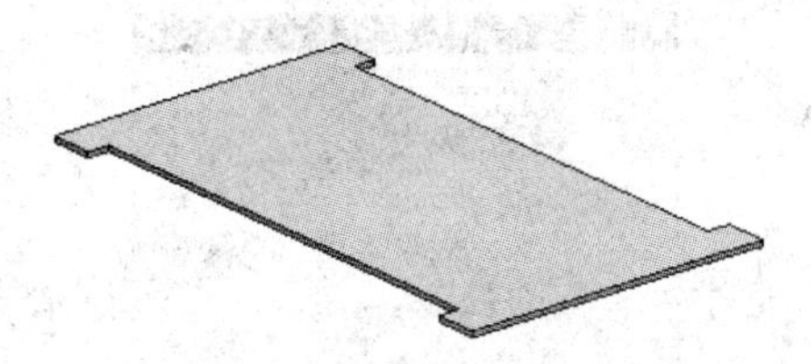

图 3.12　腔体特征 B

Step5：创建如图 3.13 所示的草图曲线 A。

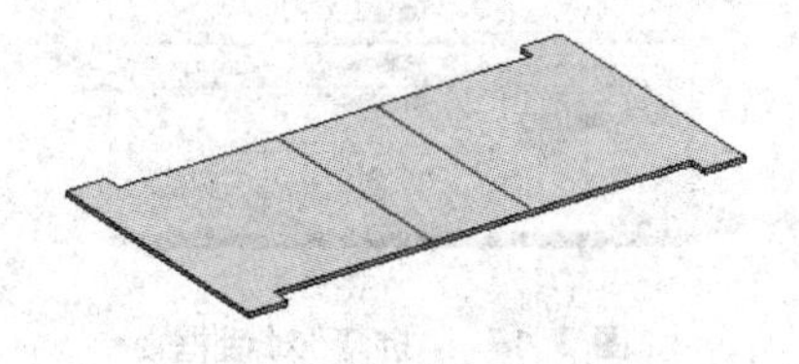

图 3.13　草图曲线 A

选择“插入”→“草图”命令(或单击工具栏按钮)，弹出“创建草图”对话框。直接单击“确定”按钮，以 XC-YC 平面作为草绘平面，进入草绘环境，绘制如图 3.14 所示的草图。绘制完成后，直接单击按钮，完成草图绘制。

Step6：创建如图 3.15 所示的草图曲线 B，方法同草图曲线 A 的绘制，所在平面为草图曲线 A 所在平面的背面。

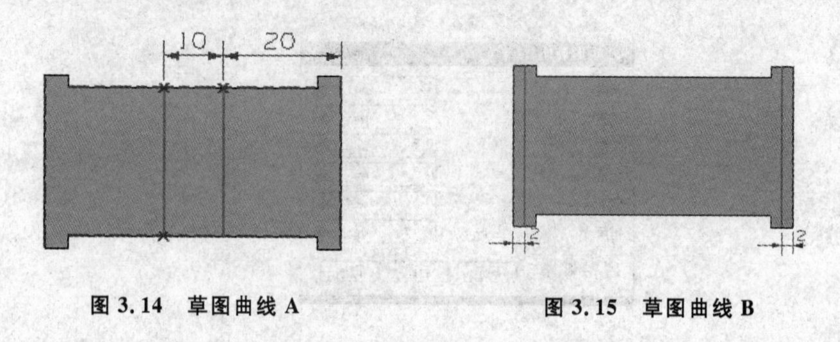

图 3.14　草图曲线 A　　　　**图 3.15　草图曲线 B**

Step7：创建如图 3.16 所示的折弯特征 A。

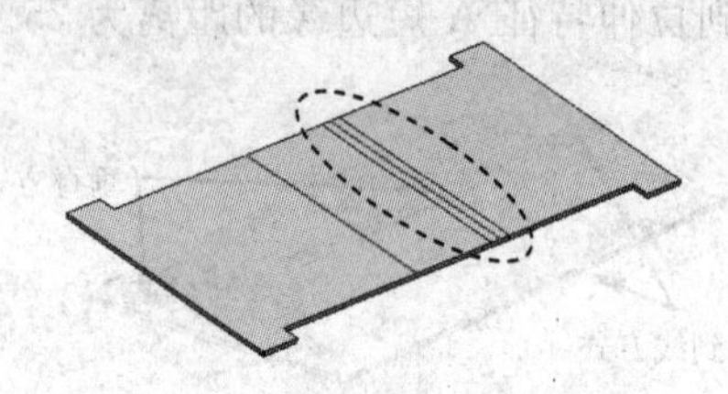

图 3.16　折弯特征 A

(1)选择“插入”→“钣金特征”→“折弯”命令(或直接单击工具栏按钮),弹出“折弯”对话框,如图 3.17 所示。

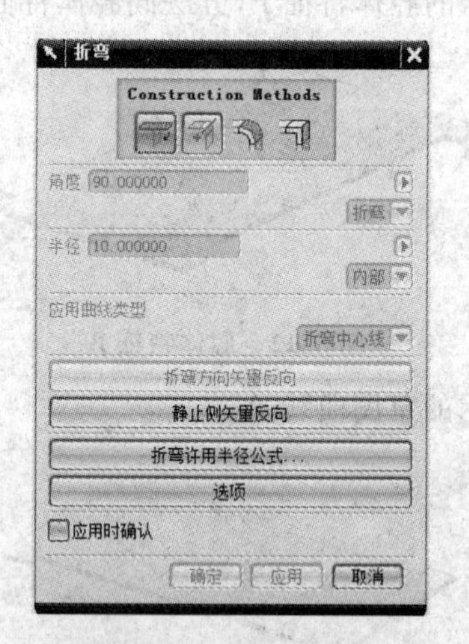

图 3.17　“折弯”对话框

(2)定义折弯基本面:此时“基本面”按钮处于激活状态,选取如图 3.18 所示的模型表面为折弯基本面,并单击鼠标中键确认。

(3)定义折弯应用曲线:此时“应用曲线”按钮处于激活状态,选取如图 3.19 所示的草图曲线 A 作为折弯应用曲线,并单击鼠标中键确认。

(4)定义折弯方向和静止侧方向,如图 3.19 所示。

(5)折弯参数设置:角度为 100 度,半径为 1,其余选项默认。

(6)单击“确定”按钮,完成折弯特征 A 的创建。

Step8：创建如图 3.20 所示的折弯特征 B,方法同折弯特征 A 的创建。其基本面的选取

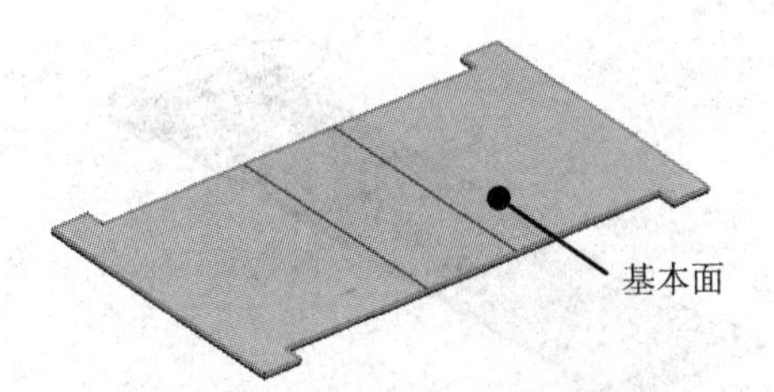

图 3.18　折弯基本面示意图(一)

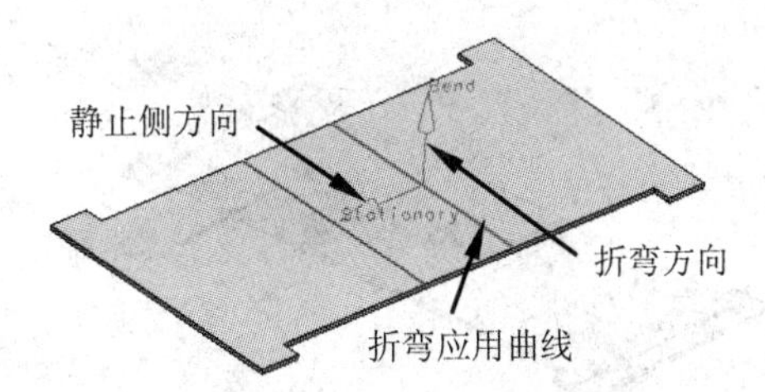

图 3.19　折弯应用曲线示意图(一)

如图 3.21 所示，折弯应用曲线、折弯方向及静止侧方向的选取如图 3.22 所示。

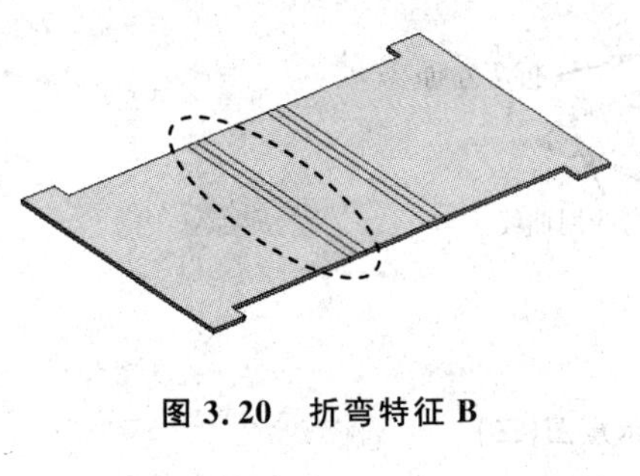

图 3.20　折弯特征 B

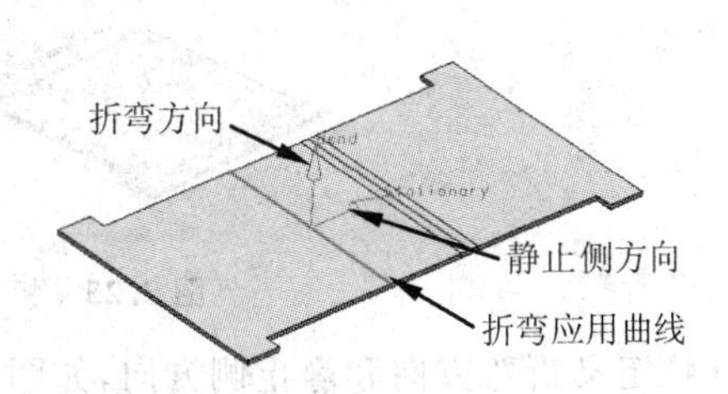

图 3.22　折弯应用曲线示意图(二)

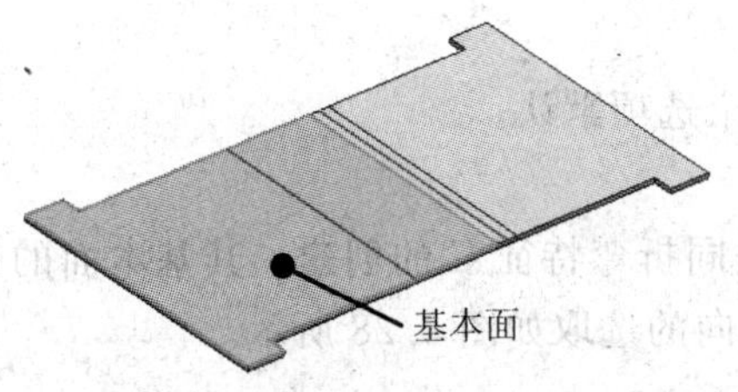

图 3.21　折弯基本面示意图(二)

Step 9：创建如图 3.23 所示的折弯特征 C。

(1)选择“插入”→“钣金特征”→“折弯”命令(或直接单击工具栏按钮)，弹出“折弯”对话框。

(2)定义折弯基本面：此时“基本面”按钮处于激活状态，选取如图 3.24 所示的模型表面为折弯基本面，并单击鼠标中键确认。

(3)定义折弯应用曲线：此时“应用曲线”按钮处于激活状态，选取如图 3.25 所示的草图曲线 B 作为折弯应用曲线，并单击鼠标中键确认。

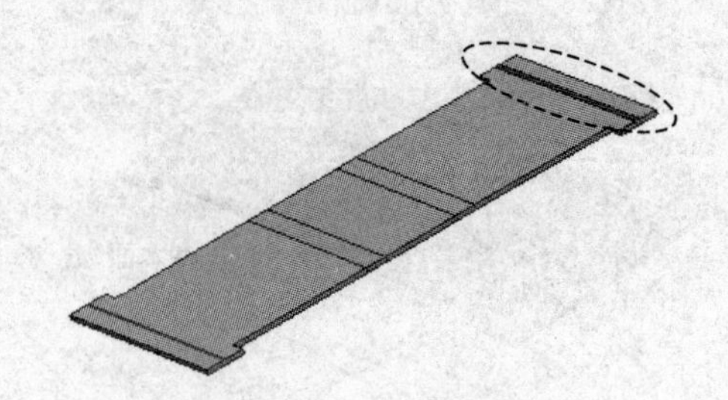

图 3.23　折弯特征 C

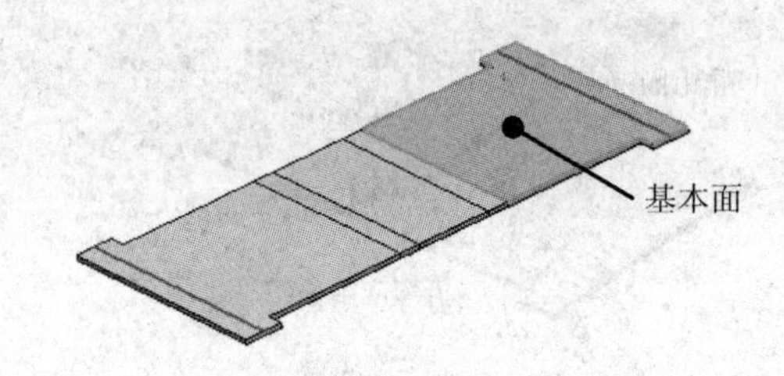

图 3.24　折弯基本面示意图(三)

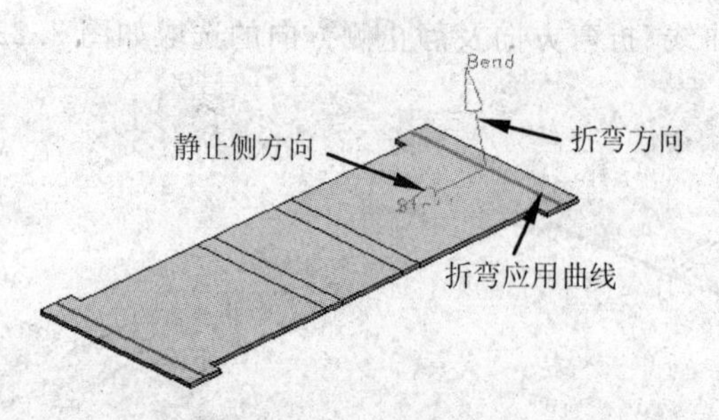

图 3.25　折弯应用曲线示意图(三)

(4)定义折弯方向和静止侧方向,如图 3.25 所示。

(5)折弯参数设置:角度为 45 度,半径为 0.5,其余选项默认。

(6)单击“确定”按钮,完成折弯特征 C 的创建。

Step10:创建如图 3.26 所示的折弯特征 D,方法同折弯特征 C 的创建。其基本面的选取如图 3.27 所示,折弯应用曲线、折弯方向及静止侧方向的选取如图 3.28 所示。

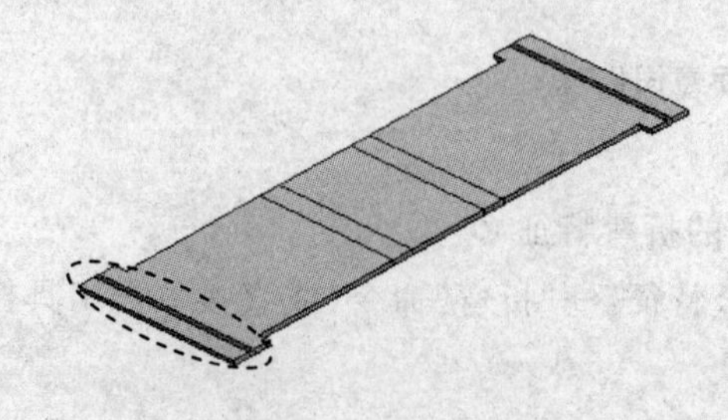

图 3.26　折弯特征 D

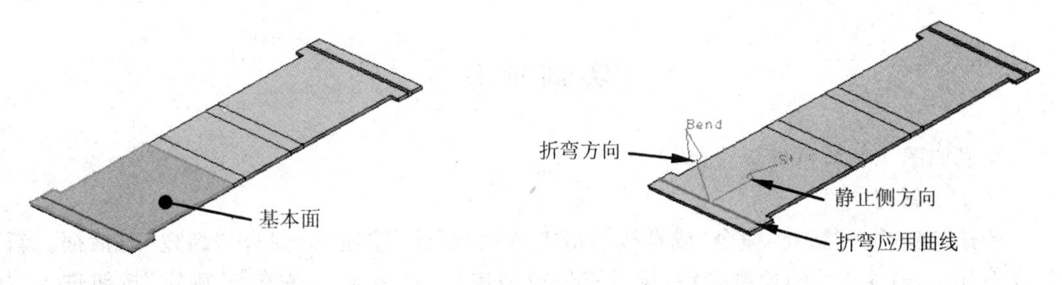

图 3.27　折弯基本面示意图(四)　　　　图 3.28　折弯应用曲线示意图(四)

Step11：成形所有的折弯特征。

(1)选择"插入"→"钣金特征"→"成形/展开"命令(或直接单击工具栏按钮)，弹出"成形/展开"对话框，如图 3.29 所示。

图 3.29　"成形/展开"对话框

(2)单击"成形/展开"对话框中的"全部成形"按钮，将前面创建的 4 个折弯特征全部成形，如图 3.30 所示。

图 3.30　成形/展开特征

(3)单击"成形/展开"对话框中的"取消"按钮，完成成形/展开特征的创建。

Step12：保存零件模型。选择"文件"→"保存"命令(或直接单击工具栏按钮)，完成零件模型的保存。

实训项目 4

完成如图 4.1 所示的钣金体。

Step1：新建文件。

选择“文件”→“新建”命令(或直接单击工具栏“新建”按钮)，弹出“新建”对话框。新建名称为“project-4. Rt”的模型文件，设置零件模型单位为“毫米”，并单击“确定”按钮进入建模环境。

Step2：创建如图 4.2 所示的长方体特征。

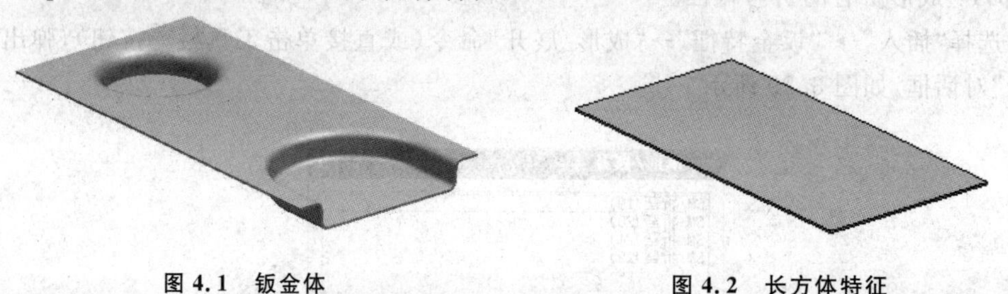

图 4.1　钣金体　　　　图 4.2　长方体特征

(1)选择“插入”→“设计特征”→“长方体”命令(或直接单击工具栏按钮)，弹出“长方体”对话框，如图 4.3 所示。

(2)定义长方体参数：选择创建类型为“原点和边长”，长、宽、高的值如图 4.3 所示，其余选项默认。

(3)单击“确定”按钮，完成长方体特征的创建。

Step3：绘制冲裁轮廓线。

选取长方体的上表面为草图绘制平面，绘制草图如图 4.4 所示。

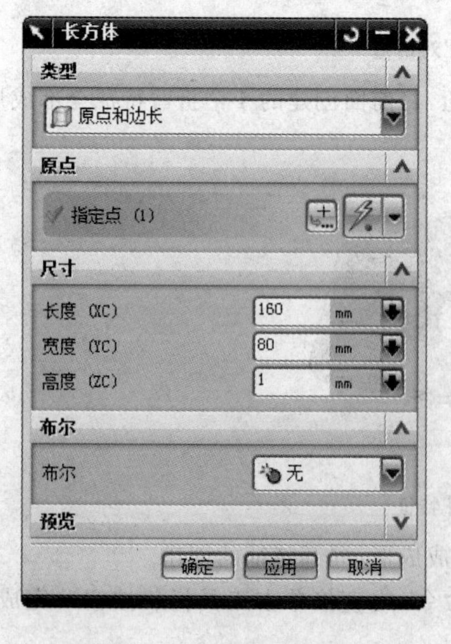

图 4.3　“长方体”对话框

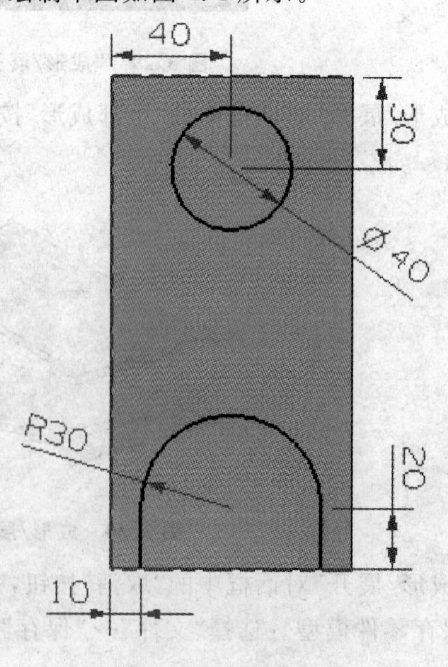

图 4.4　剖面草图

Step4：创建如图 4.5 所示的冲裁特征 A。

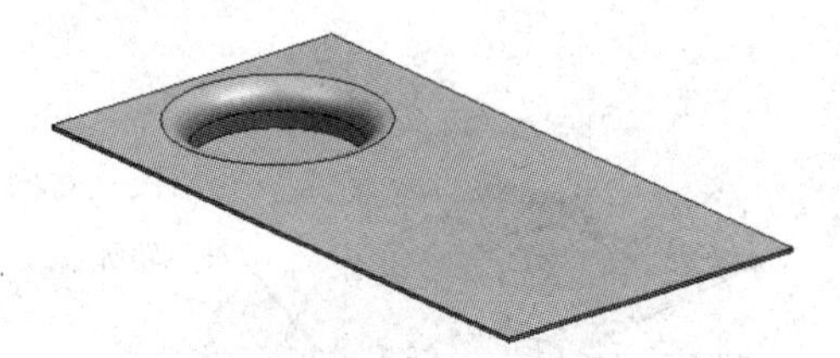

图 4.5　冲裁特征 A

(1)选择“插入”→“钣金特征”→“冲压”命令(或直接单击工具栏按钮),弹出“钣金冲压”对话框,如图 4.6 所示。

图 4.6　“钣金冲压”对话框

(2)冲压特征放置面、放置面轮廓如图 4.7 所示。

(3)定义冲压类型为“凸起”,顶部类型为“偏置”,深度为 10,凹模半径为 5,其他选项默认。

(4)单击“确定”按钮,完成冲裁特征 A 的创建。

Step5：创建如图 4.8 所示的冲裁特征 B,方法类似冲裁特征 A 的创建。

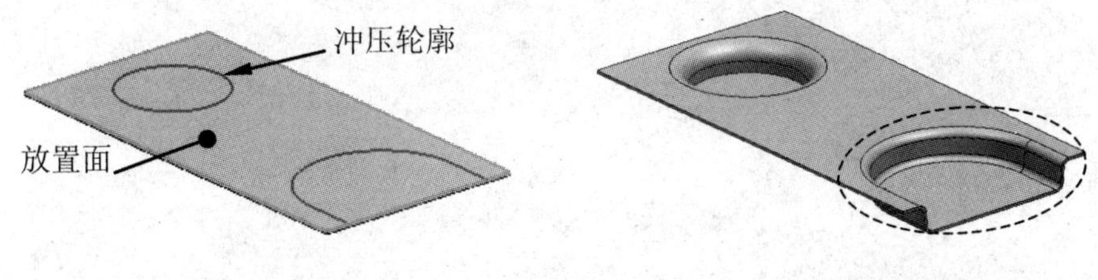

图 4.7　放置面轮廓(一)　　　　图 4.8　冲裁特征 B

冲压特征放置面、放置面轮廓如图 4.9 所示,定义冲压类型为“凸起”,顶部类型为“偏置”,

深度为 10，凹模半径为 2，拔模角为 5，冲压半径为 2，其他选项默认。单击“确定”按钮，完成冲裁特征 B 的创建。

Step6：保存零件模型。

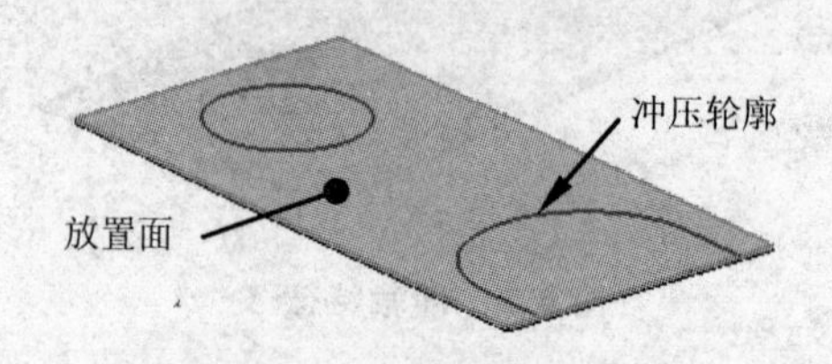

图 4.9　放置面轮廓(二)

选择“文件”→“保存”命令(或直接单击工具栏按钮)，完成零件模型的保存。

第二部分　综合实例

实训项目 5

完成如图 5.1 所示的钣金件。

图 5.1　水杯盖

Step1：新建文件。

选择“文件”→“新建”命令(或直接单击工具栏按钮)，弹出“新建”对话框。新建名称为“project-5. prt”的模型文件，设置零件模型单位为“毫米”，并单击“确定”按钮进入建模环境。

Step2：创建如图 5.2 所示的回转体特征 A。

图 5.2　回转体特征 A

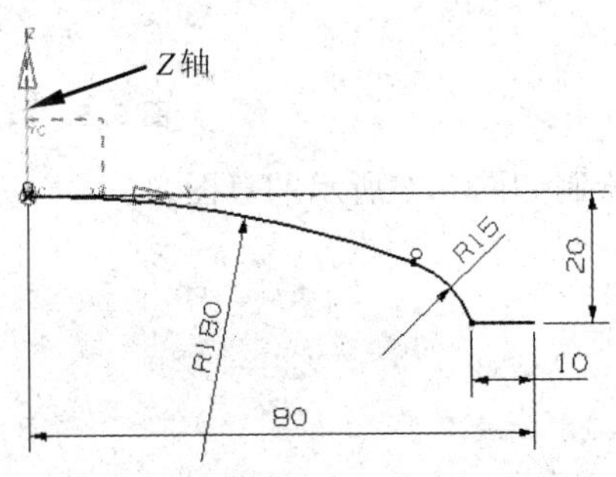

图 5.3　剖面草图

(1)选择“插入”→ “设计特征”→“回转”命令(或直接单击工具栏按钮)，弹出“回转”对话框。

(2)定义回转剖面：单击“回转”对话框中的“绘制截面”按钮，弹出“创建草图”对话框。直接选取绘图区中的 XC-ZC 平面作为草绘平面，进入草绘环境，绘制如图 5.3 所示草图。绘制完成后，直接单击完成草图按钮，退出草图环境。

(3)定义回转轴为 ZC 轴，开始角度为 0 度，结束角度为 360 度，其余选项默认。

(4)单击“确定”按钮，完成回转体特征 A 的创建。

Step3：创建如图 5.4(b)所示的圆角特征 A。

(1)选择“插入”→ “细节特征”→“边倒圆”命令(或直接单击工具栏按钮)，弹出“边倒圆”对话框。

(2)选取倒圆边如图 5.4(a)所示,在弹出的动态输入框中输入圆角半径为“5mm”。

(3)单击“确定”按钮,完成圆角特征 A 的创建。

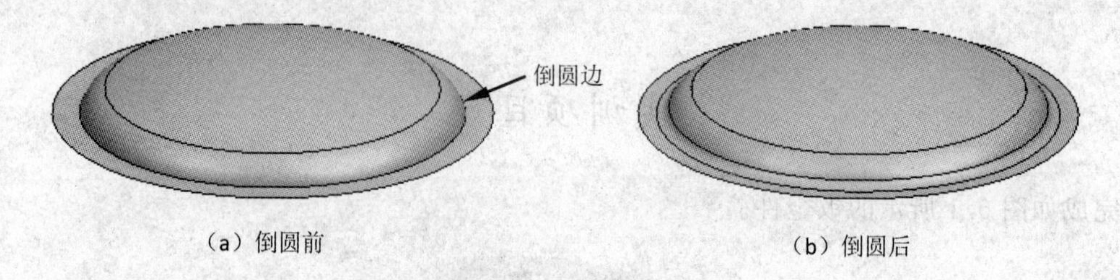

图 5.4 圆角特征 A

Step 4:加厚曲面。

(1)选择“插入”→“偏置/缩放”→“加厚”命令(或直接单击工具栏按钮),弹出“加厚”对话框。

(2)选取曲面如图 5.5 所示,并输入偏置值为“1mm”。

(3)单击“确定”按钮,完成曲面加厚。

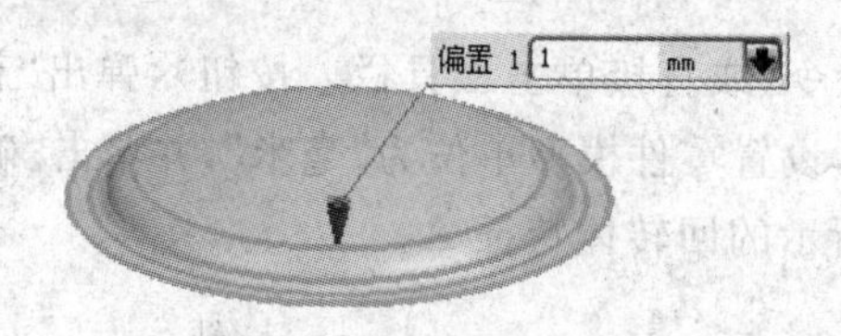

图 5.5 加厚的曲面

Step5:绘制如图 5.6 所示的草图 A。

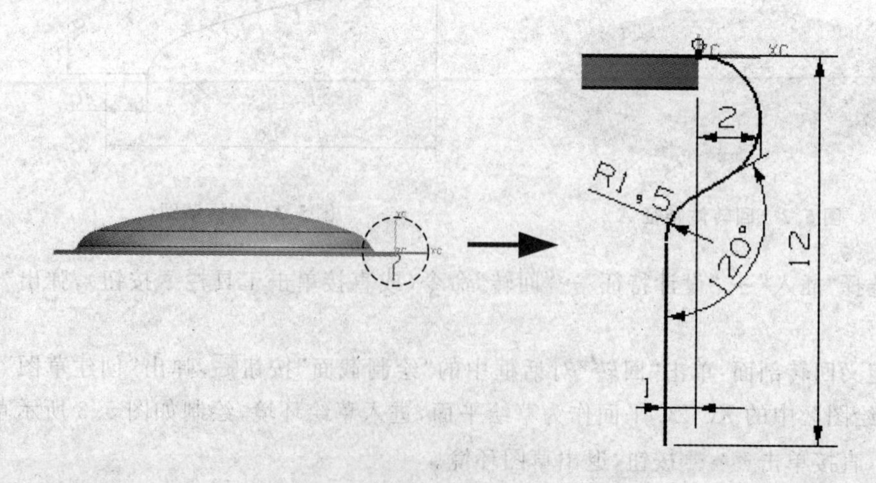

图 5.6 草图 A

Step6:创建如图 5.7 所示的通用弯边特征。

(1)选择“插入”→“钣金特征”→“通用弯边”命令(或直接单击工具栏按钮),弹出“通用弯边”对话框。

图 5.7 通用弯边特征

(2)在“通用弯边”对话框中单击“构造到截面”按钮。

(3)此时,“选择步骤”选项组中的“折弯边”按钮已处于激活状态,选取如图 5.8 所示的边链 1 为折弯边,单击鼠标中键确认。

(4)此时,“选择步骤”选项组中的“脊线串”按钮已处于激活状态,选取如图 5.8 所示的边链 2 为脊线串,单击鼠标中键确认。

(5)此时,“选择步骤”选项组中的“截面线串”按钮已处于激活状态,选取草图 A 为截面线串。

(6)单击“确定”按钮,完成通用弯边特征的创建。

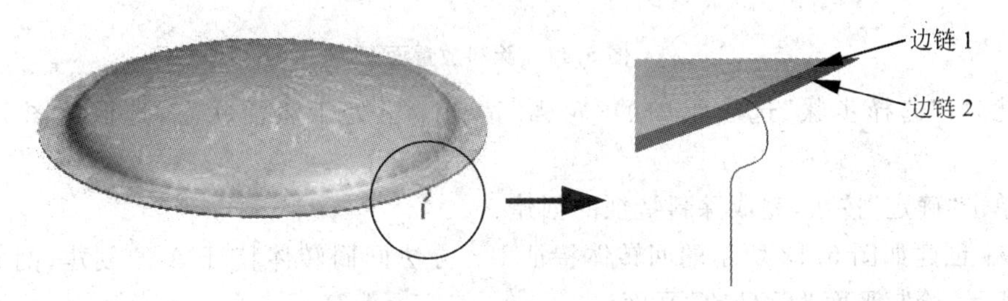

图 5.8 边链选取示意图

Step7:创建如图 5.9 所示的草图 B,选取 XC-YC 平面为草图绘制平面。

图 5.9 草图 B

Step8:创建如图 5.10 所示的钣金除料特征。

(1)选择“插入”→“钣金特征”→“除料”命令(或直接单击工具栏按钮),弹出“钣金除

图 5.10　钣金除料特征

料”对话框。

(2)此时,“选择步骤”选项组中的“放置面”按钮已处于激活状态,选取如图 5.11 所示的面为放置面,单击鼠标中键确认。

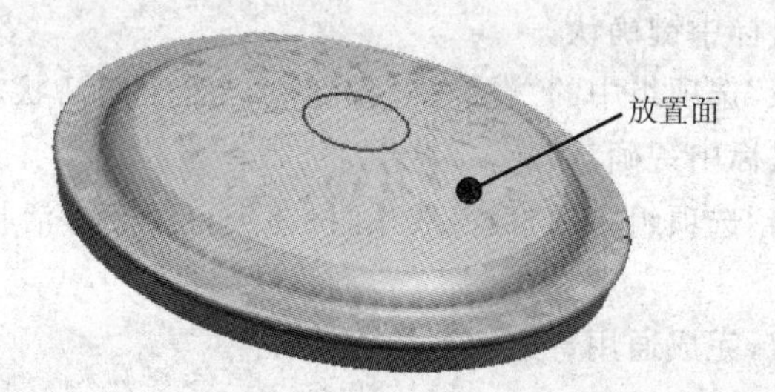

图 5.11　除料放置面

(3)此时,“选择步骤”选项组中的“轮廓”按钮已处于激活状态,选取草图 B 为除料轮廓。

(4)单击“确定”按钮,完成除料特征的创建。

Step9:创建如图 5.12 所示的回转体特征 B。方法同回转体特征 A 的创建,剖面草图如图 5.13 所示,绘制平面为 XC-ZC 平面。

图 5.12　回转体特征 B

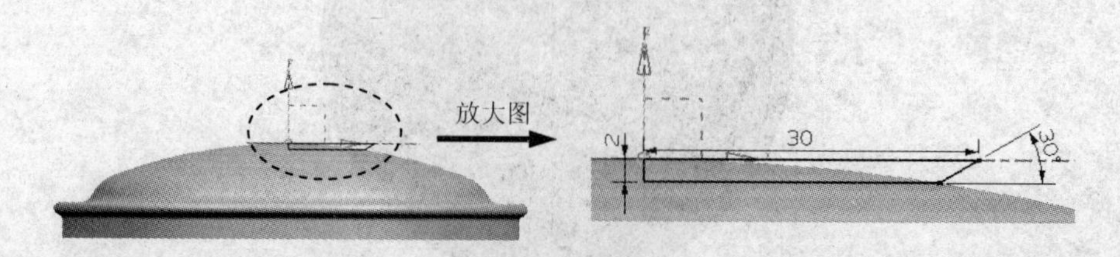

图 5.13　剖面草图

Step10:创建如图 5.14 所示的实体冲压特征。

(1)选择“插入”→“钣金特征”→“实体冲压”命令(或直接单击工具栏按钮),弹出“实体冲压”对话框。

图 5.14　实体冲压特征

(2)实体冲压类型选择“冲孔”,此时,“选择”选项组中的“目标面”按钮已处于激活状态,选取如图 5.15 所示的面为目标面,单击鼠标中键确认。

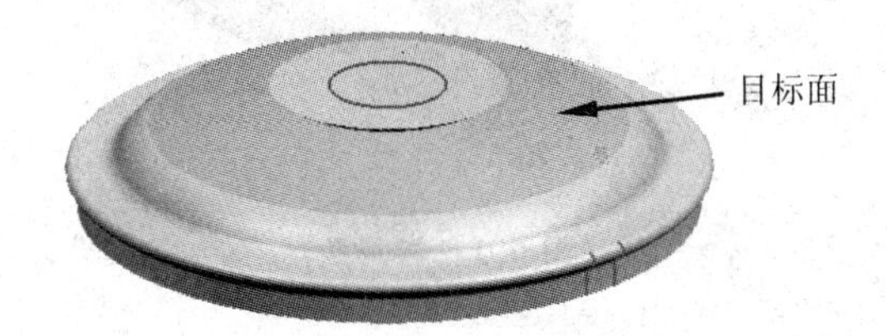

图 5.15　目标面

(3)此时,“选择”选项组中的“工具体”按钮已处于激活状态,选取回转体 B 为工具体。

(4)单击“确定”按钮,完成实体冲压特征的创建。

Step11:保存零件模型。

选择“文件”→“保存”命令(或直接单击工具栏按钮),完成零件模型的保存。

实训项目 6

完成如图 6.1 所示的钣金体

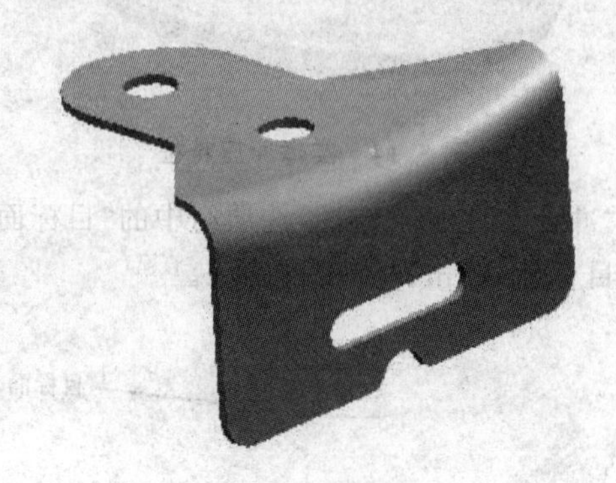

图 6.1 卷尺头

Step1：新建文件。

选择“文件”→“新建”命令(或直接单击工具栏按钮)，弹出“新建”对话框。新建名称为“project-6. Prt”的模型文件，设置零件模型单位为“毫米”，并单击“确定”按钮进入建模环境。

Step2：创建如图 6.2 所示的拉伸特征 A。

(1)选择“插入”→“设计特征”→“拉伸”命令(或直接单击工具栏按钮)，弹出“拉伸”对话框。

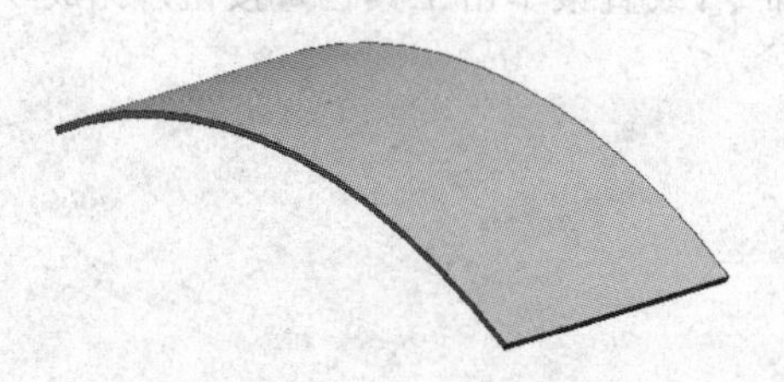

图 6.2 拉伸特征 A

(2)定义拉伸剖面：单击“拉伸”对话框中的“绘制截面”按钮，弹出“创建草图”对话框。直接单击“确定”按钮，以 XC-YC 平面作为草绘平面，进入草绘环境，绘制如图 6.3 所示的草图。绘制完成后，直接单击完成草图按钮，退出草图环境。

(3)定义拉伸属性：拉伸方向为系统默认方向，并在“限制”选项组中输入拉伸开始值为 0，结束值为 20，偏置选项选择“对称”，开始值和结束值均为 0.25，其余选项默认。

(4)单击“确定”按钮，完成拉伸特征 A 的创建。

Step3：创建如图 6.4 所示的拉伸特征 B 。

(1)选择“插入”→“设计特征”→“拉伸”命令(或直接单击工具栏按钮)，弹出“拉伸”对话框。

(2)定义拉伸剖面：单击“拉伸”对话框中的“绘制截面”按钮，弹出“创建草图”对话框。选取 XC-ZC 平面作为草绘平面，进入草绘环境，绘制如图 6.5 所示的草图。绘制完成后，直接单击完成草图按钮，退出草图环境。

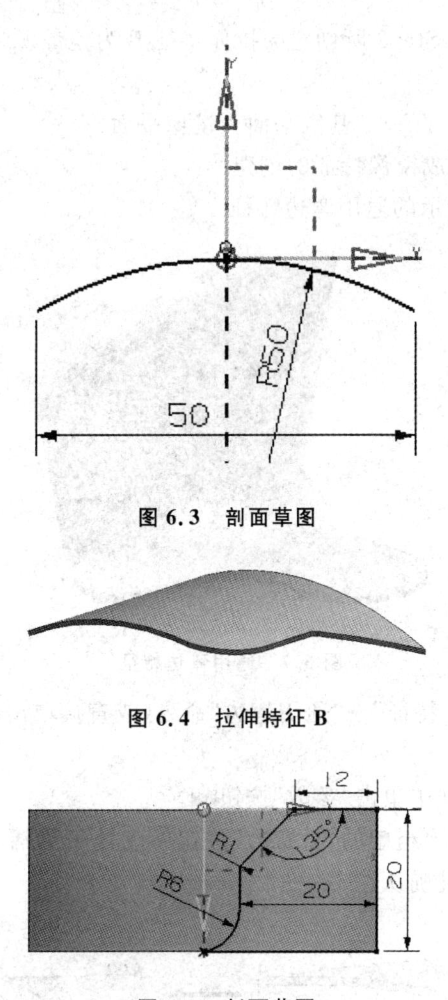

图 6.3　剖面草图

图 6.4　拉伸特征 B

图 6.5　剖面草图

(3)定义拉伸属性:拉伸方向为系统默认方向,拉伸开始和结束选项都选择“贯通”,布尔运算选择“求差”,其余选项默认。

(4)单击“确定”按钮,完成拉伸特征 B 的创建。

Step4:创建如图 6.6 所示的镜像特征。

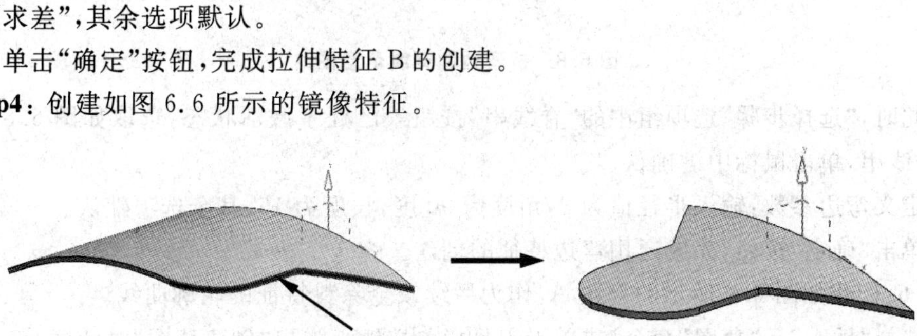

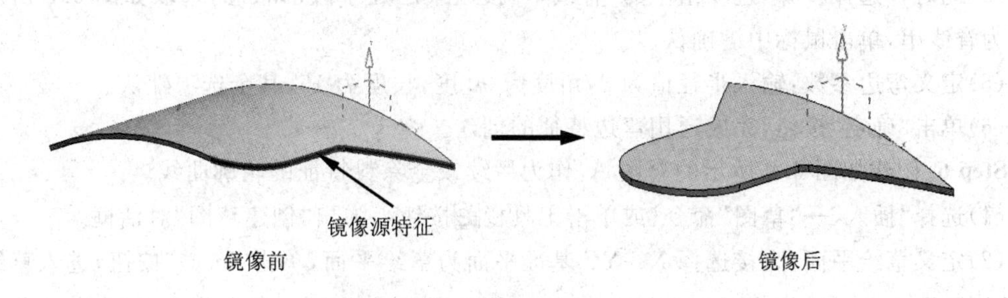

图 6.6　镜像特征

(1)选择“插入”→“关联复制”→“镜像特征”命令(或单击工具栏按钮),弹出“镜像特征”对话框。

(2)选择镜像对象:选取 Step3 所创建的拉伸特征 B 为镜像源特征,如图 6.6 所示,并单击鼠标中键确定。

(3)定义镜像平面:选取 YC-ZC 基准平面为镜像平面。

(4)单击“确定”按钮,完成镜像特征的创建。

Step5:创建如图 6.7 所示的通用弯边特征。

图 6.7 通用弯边特征

(1)选择“插入”→“钣金特征”→“通用弯边”命令(或直接单击工具栏按钮),弹出“通用弯边”对话框。

(2)在“通用弯边”对话框中单击“参数”按钮。

(3)此时,“选择步骤”选项组中的“折弯边”按钮已处于激活状态,选取如图 6.8 所示的边线为折弯边,单击鼠标中键确认。

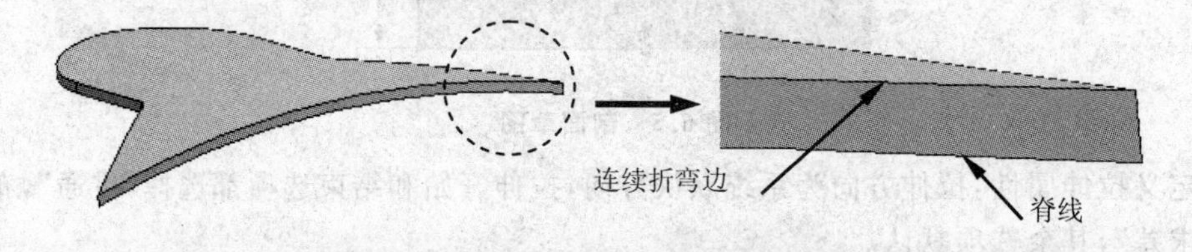

图 6.8 折弯边和脊线示意图

(4)此时,“选择步骤”选项组中的“脊线串”按钮已处于激活状态,选取如图 6.8 所示的边线为脊线串,单击鼠标中键确认。

(5)定义弯边参数:输入半径值为 2,角度为 90 度,长度为 15,其余选项默认。

(6)单击“确定”按钮,完成通用弯边特征的创建。

Step 6:创建如图 6.9 所示的草图 A,作为后续钣金除料特征的轮廓曲线。

(1)选择“插入”→“草图”命令(或单击工具栏按钮),弹出“创建草图”对话框。

(2)定义草绘平面:直接选择 XC-YC 基准平面为草绘平面,单击“确定”按钮,进入草绘环境,绘制如图 6.9 所示的草图。绘制完成后,直接单击完成草图按钮,退出草图环境,完成草图 A 的绘制。

Step 7:创建如图 6.10 所示的钣金除料特征 A。

(1)选择“插入”→“钣金特征”→“除料”命令(或单击工具栏按钮),弹出“钣金除料”对

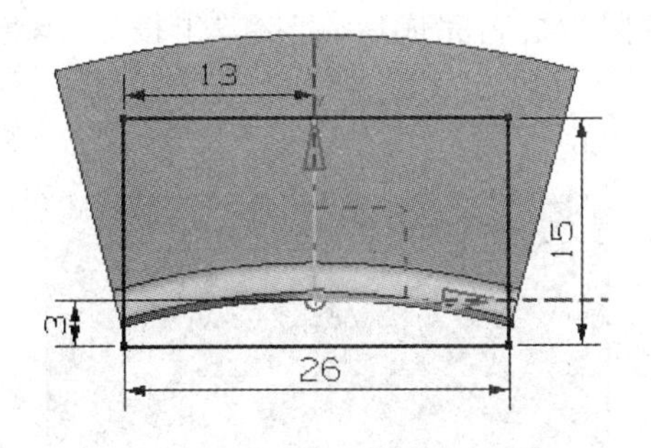

图 6.9　草图 A

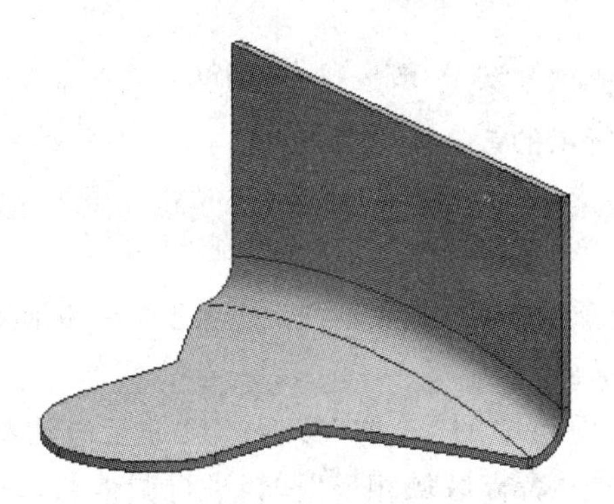

图 6.10　钣金除料特征 A

话框。

(2)此时,“选择步骤”选项组中的“放置面”按钮已处于激活状态,选取如图 6.11 所示的面为放置面,单击鼠标中键确认。

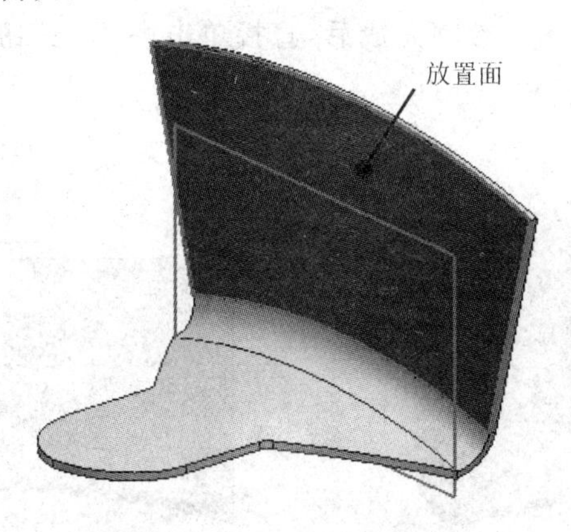

图 6.11　放置面示意图

(3)此时,“选择步骤”选项组中的“轮廓”按钮已处于激活状态,选取草图 A 为除料轮廓,如果除料方向不对,可单击“舍弃区域相反”按钮进行调整,其余选项默认。

(4)单击“确定”按钮,完成钣金除料特征 A 的创建。

Step 8:创建如图 6.12 所示的草图 B,作为后续钣金除料特征的轮廓曲线。

(1)选择“插入”→“草图”命令(或单击工具栏按钮),弹出“创建草图”对话框。

(2)定义草绘平面:直接选择 XC-YC 基准平面为草绘平面,单击“确定”按钮,进入草绘环境，绘制如图 6.12 所示的草图。绘制完成后，直接单击按钮，退出草图环境，完成草图 B 的绘制。

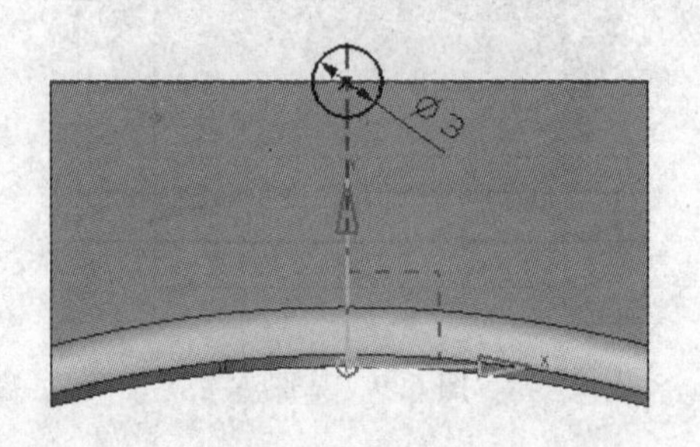

图 6.12　草图 B

Step 9：创建如图 6.13 所示的钣金除料特征 B。

(1)选择“插入”→“钣金特征”→“除料”命令(或单击工具栏按钮)，弹出“钣金除料”对话框。

(2)此时，“选择步骤”选项组中的“放置面”按钮已处于激活状态，选取如图 6.11 所示的面为放置面，单击鼠标中键确认。

(3)此时，“选择步骤”选项组中的“轮廓”按钮已处于激活状态，选取草图 B 为除料轮廓，如果除料方向不对，可单击“舍弃区域相反”按钮进行调整，其余选项默认。

(4)单击“确定”按钮，完成钣金除料特征 B 的创建。

Step 10：创建如图 6.14 所示的草图 C，作为后续钣金除料特征的轮廓曲线。

(1)选择“插入”→“草图”命令(或单击工具栏按钮)，弹出“创建草图”对话框。

(2)定义草绘平面：直接选择 XC-YC 基准平面为草绘平面，单击“确定”按钮，进入草绘环境，绘制如图 6.14 所示的草图。绘制完成后，直接单击完成草图按钮，退出草图环境，完成草图 C 的绘制。

图 6.13　钣金除料特征 B

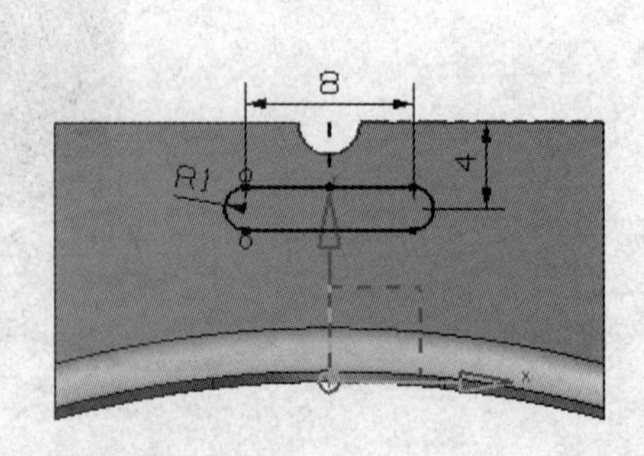

图 6.14　草图 C

Step 11：创建如图 6.15 所示的钣金除料特征 C。

(1)选择“插入”→“钣金特征”→“除料”命令(或单击工具栏按钮)，弹出“钣金除料”对话框。

(2)此时，“选择步骤”选项组中的“放置面”按钮已处于激活状态，选取如图 6.11 所示的面为放置面，单击鼠标中键确认。

图 6.15　钣金除料特征 C

(3)此时,“选择步骤”选项组中的“轮廓”按钮已处于激活状态,选取草图 C 为除料轮廓,如果除料方向不对,可单击“舍弃区域相反”按钮进行调整,其余选项默认。

(4)单击“确定”按钮,完成钣金除料特征 C 的创建。

Step 12:创建如图 6.16 所示的草图 D,作为后续钣金除料特征的轮廓曲线。

(1)选择“插入”→“草图”命令(或单击工具栏按钮),弹出“创建草图”对话框。

(2)定义草绘平面:直接选择 XC-ZC 基准平面为草绘平面,单击“确定”按钮,进入草绘环境,绘制如图 6.16 所示的草图。绘制完成后,直接单击完成草图按钮,退出草图环境,完成草图 D 的绘制。

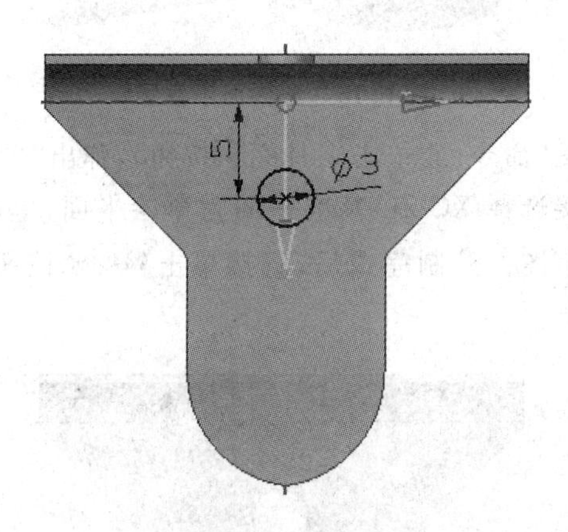

图 6.16　草图 D

Step 13:创建如图 6.17 所示的钣金除料特征 D。

(1)选择“插入”→“钣金特征”→“除料”命令(或单击工具栏按钮),弹出“钣金除料”对话框。

(2)此时,“选择步骤”选项组中的“放置面”按钮已处于激活状态,选取如图 6.18 所示的面为放置面,单击鼠标中键确认。

(3)此时,“选择步骤”选项组中的“轮廓”按钮已处于激活状态,选取草图 D 为除料轮廓,如果除料方向不对,可单击“舍弃区域相反”按钮进行调整,其余选项默认。

(4)单击“确定”按钮,完成钣金除料特征 D 的创建。

Step 14:创建如图 6.19 所示的草图 E,作为后续钣金除料特征的轮廓曲线。

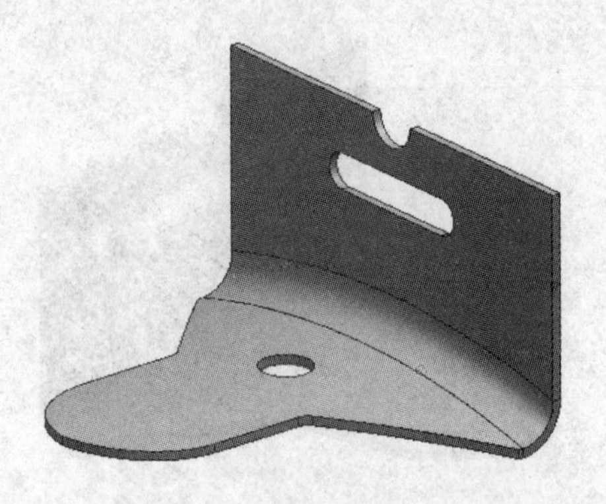

图 6.17 钣金除料特征 D

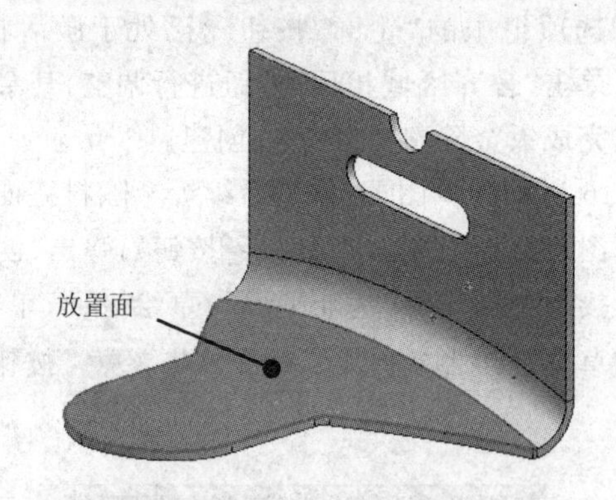

图 6.18 放置面示意图

(1)选择“插入”→“草图”命令(或单击工具栏按钮),弹出“创建草图”对话框。

(2)定义草绘平面:直接选择 XC-ZC 基准平面为草绘平面,单击“确定”按钮,进入草绘环境,绘制如图 6.19 所示的草图。绘制完成后,直接单击完成草图按钮,退出草图环境,完成草图 E 的绘制。

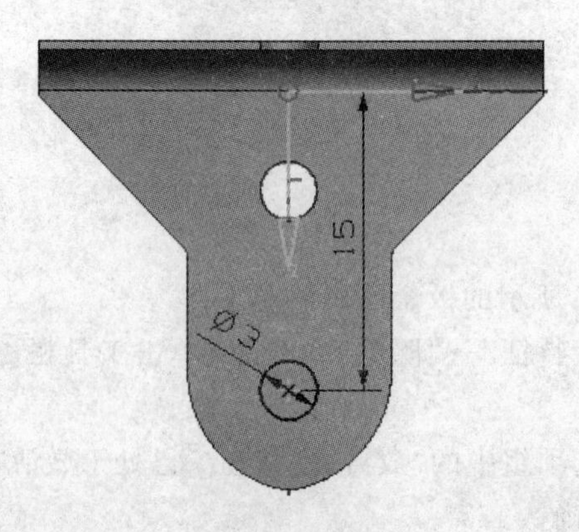

图 6.19 草图 E

Step 15:创建如图 6.20 所示的钣金除料特征 E。

(1)选择“插入”→“钣金特征”→“除料”命令(或单击工具栏按钮),弹出“钣金除料”对话框。

(2)此时,“选择步骤”选项组中的“放置面”按钮已处于激活状态,选取如图 6.18 所示的面为放置面,单击鼠标中键确认。

(3)此时,“选择步骤”选项组中的“轮廓”按钮已处于激活状态,选取草图 E 为除料轮廓,如果除料方向不对,可单击“舍弃区域相反”按钮进行调整,其余选项默认。

(4)单击“确定”按钮,完成除料特征 E 的创建。

Step16:创建如图 6.21 所示的圆角特征。

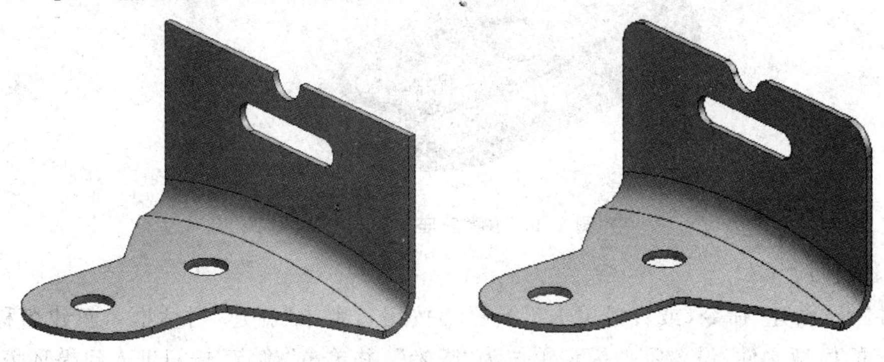

图 6.20　钣金除料特征 E　　　　图 6.21　圆角特征

(1)选择“插入”→“细节特征”→“边倒圆”命令(或单击工具栏按钮),弹出“边倒圆”对话框。

(2)选择倒圆边:先选取如 6.22 所示的倒圆边 1,倒圆半径值为 2,单击“应用”按钮。再选取倒圆边 2,倒圆半径值为 1。

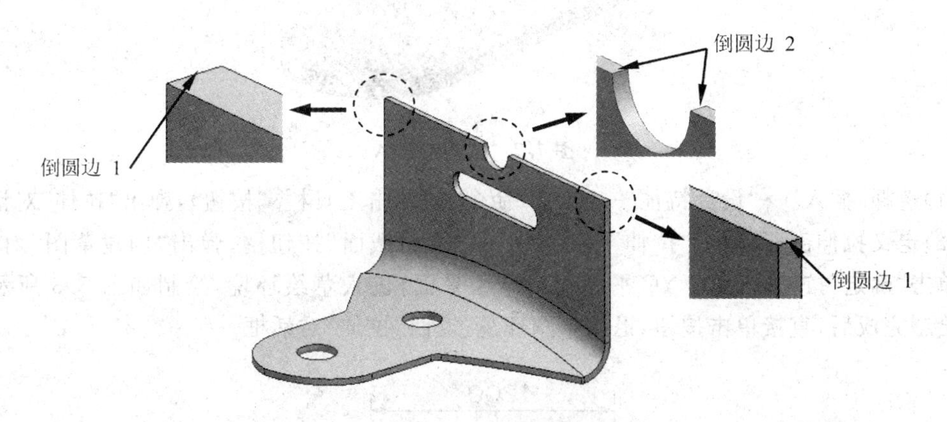

图 6.22　倒圆边示意图

(3)单击“确定”按钮,完成圆角特征的创建。

Step17:保存零件模型。

选择“文件”→“保存”命令(或直接单击工具栏按钮),完成零件模型的保存。

实训项目 7

完成如图 7.1 所示的钣金体。

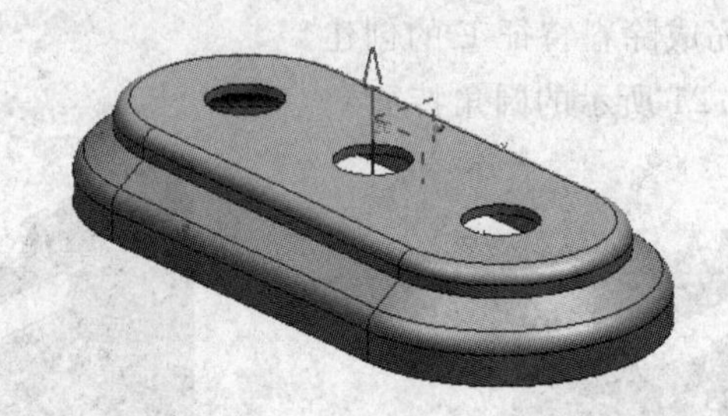

图 7.1　水嘴底座

Step1：新建文件。

选择“文件”→“新建”命令(或直接单击工具栏按钮)，弹出“新建”对话框。新建名称为“project-7. Prt”的模型文件，设置零件模型单位为“毫米”，并单击“确定”按钮进入建模环境。

Step2：创建如图 7.2 所示的拉伸特征 A。

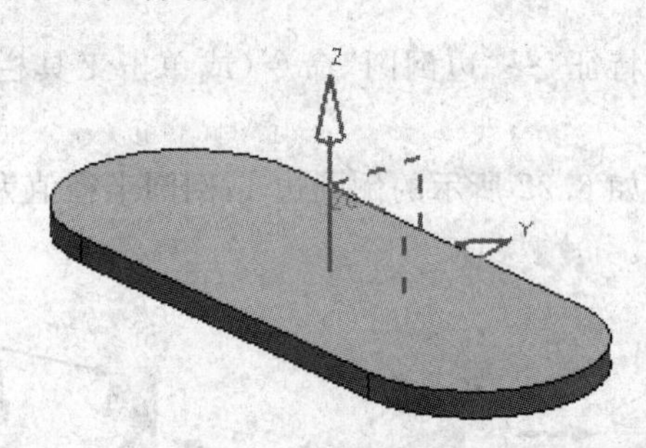

图 7.2　拉伸特征 A

(1)选择“插入”→“设计特征”→“拉伸”命令(或单击工具栏按钮)，弹出“拉伸”对话框。

(2)定义拉伸剖面：单击“拉伸”对话框中的“绘制截面”按钮，弹出“创建草图”对话框。直接单击“确定”按钮，以 XC-YC 平面作为草绘平面，进入草绘环境，绘制如图 7.3 所示的草图。绘制完成后，直接单击按钮，退出草图环境，返回“拉伸”对话框。

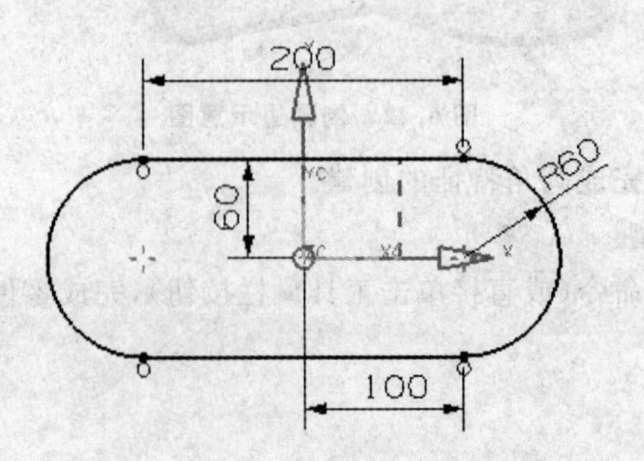

图 7.3　剖面草图

(3)定义拉伸方向为系统默认方向,并"限制"选项组中输入拉伸开始值为0,拉伸结束值为12。单击"确定"按钮,完成拉伸特征A的创建。

Step3:绘制如图7.4所示的草图A。

(1)选择"插入"→"草图"命令(或直接单击工具栏按钮),弹出"创建草图"对话框。

(2)平面选项选择"创建平面",选取XC-YC平面,偏置距离输入-15,单击"确定"按钮,进入草绘环境,绘制如图7.4所示的草图。

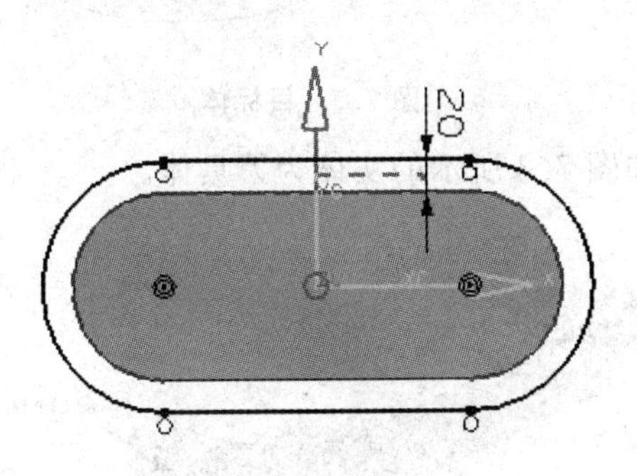

图7.4 草图A

Step 4:创建如图7.5所示的直纹面。

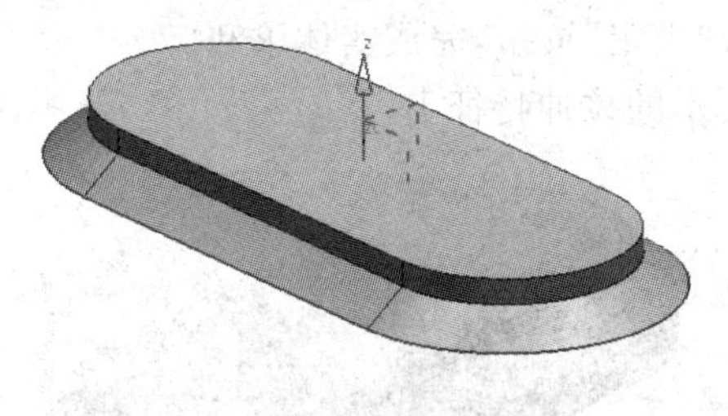

图7.5 直纹面

(1)选择"插入"→"网格曲面"→"通过曲线组"命令(或直接单击工具栏按钮),弹出"通过曲线组"对话框。

(2)定义剖面线串1:选取如图7.6所示的曲线串作为剖面线串1,并单击鼠标中键确认。

(3)定义剖面线串2:选取如图7.6所示的曲线串作为剖面线串2,并单击鼠标中键确认。

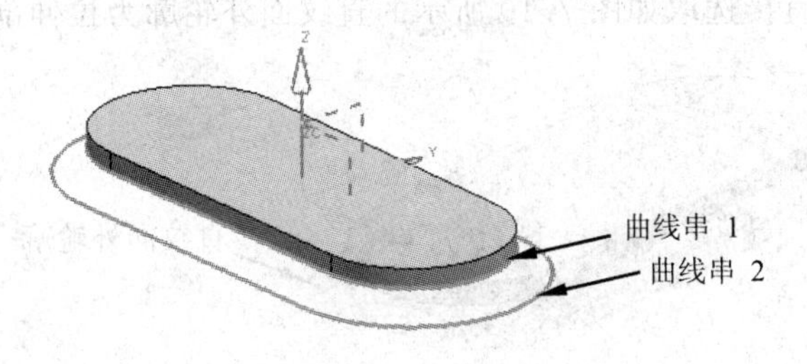

图7.6 剖面线串

(4)其余选项默认,单击"确定"按钮,完成直纹面的创建。

Step5:将拉伸特征A和step4创建的直纹面进行求和。

(1)选择"插入"→"组合体"→"求和"命令(或直接单击工具栏按钮),弹出"求和"对话框。

(2)选择目标体:选择如图 7.7 所示的实体为目标体。

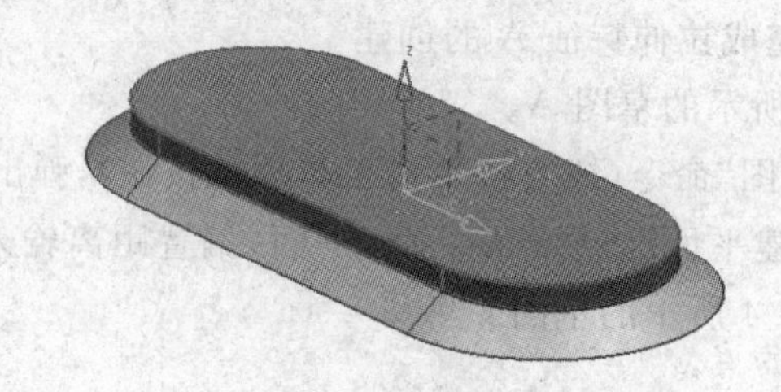

图 7.7　目标体

(3)选择刀具体:选择如图 7.8 所示的实体为刀具体。

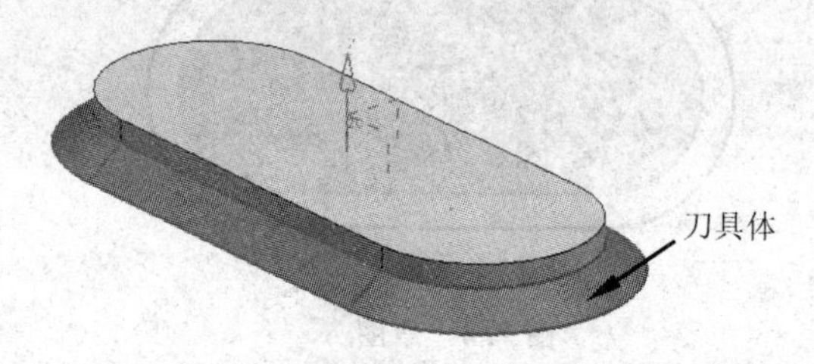

图 7.8　刀具体

(4)其余选项默认,单击“确定”按钮,完成实体求和。

Step6:创建如图 7.9 所示的拉伸特征 B。

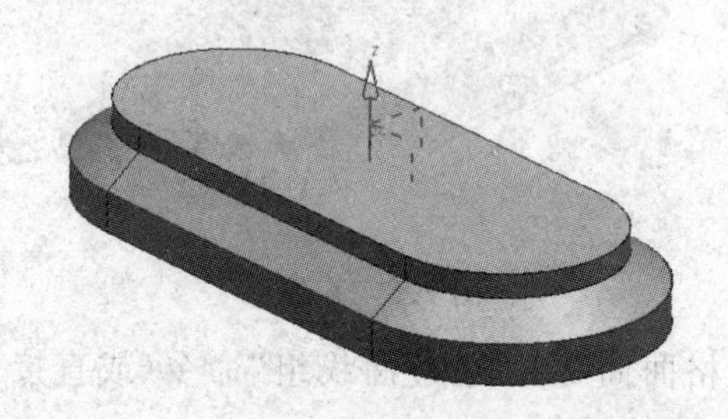

图 7.9　拉伸特征 B

(1)选择“插入”→“设计特征”→“拉伸”命令(或单击工具栏按钮),弹出“拉伸”对话框。

(2)定义拉伸剖面:直接选取如图 7.10 所示的直纹面外轮廓为拉伸剖面。

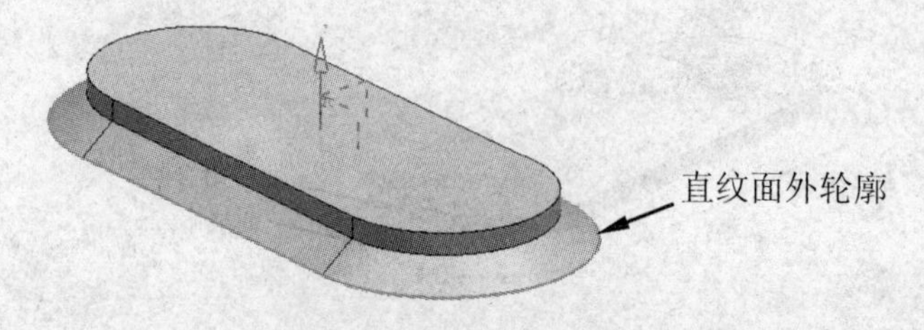

图 7.10　直纹面外轮廓

(3)定义拉伸方向为 - Z 方向,并在“限制”选项组中输入拉伸开始值为 0,拉伸结束值为 20。布尔运算选择“求和”,单击“确定”按钮,完成拉伸特征 B 的创建。

Step7:创建如图 7.11 所示的圆角特征。

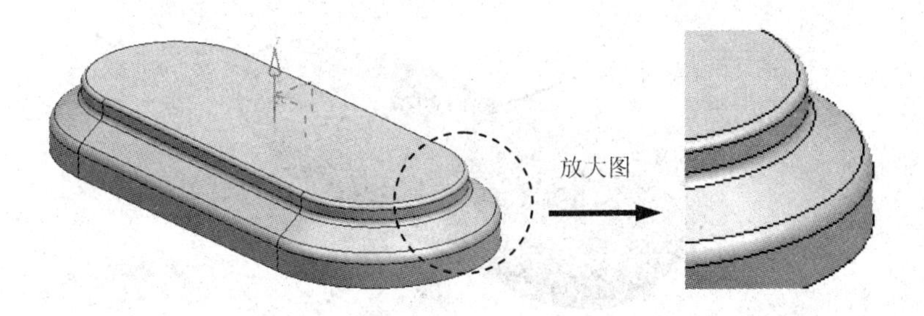

图 7.11　圆角特征

(1)选择“插入”→“细节特征”→“边倒圆”命令(或单击工具栏按钮),弹出“边倒圆”对话框。

(2)选取倒圆边:选择如图 7.12 所示的边 1 作为倒圆边,圆角半径输入 3,单击鼠标中键确认;选择如图 7.12 所示的边 2 作为倒圆边,圆角半径输入 5,单击鼠标中键确认;选择如图 7.12 所示的边 3 作为倒圆边,圆角半径输入 8,单击鼠标中键确认。

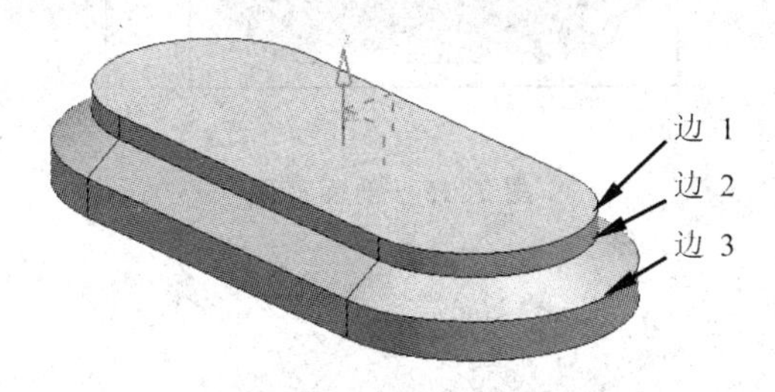

图 7.12　倒圆边

(3)其余选项默认,单击“确定”按钮,完成圆角特征的创建。

Step8:创建如图 7.13 所示的拉伸特征 C。

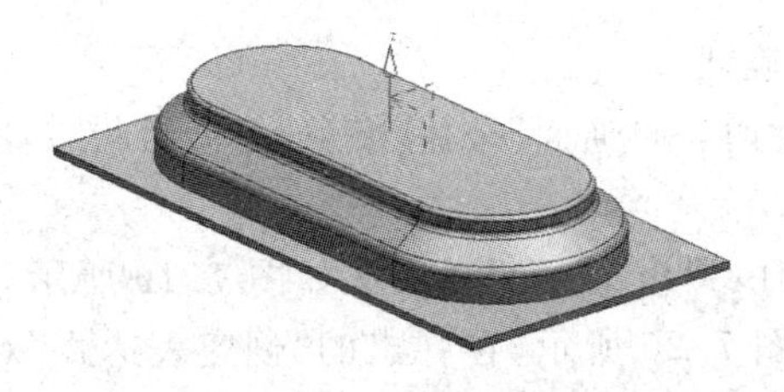

图 7.13　拉伸特征 C

(1)选择“插入”→“设计特征”→“拉伸”命令(或单击工具栏按钮),弹出“拉伸”对话框。

(2)定义拉伸剖面:直接选取如图 7.14 所示的模型底面为草绘平面,进入草绘环境,绘制如图 7.15 所示的草图。

(3)定义拉伸方向为+Z 方向,并在“限制”选项组中输入拉伸开始值为 0,拉伸结束值为 5。布尔运算选择“无”,单击“确定”按钮,完成拉伸特征 C 的创建。

Step9:创建如图 7.16 所示的钣金孔特征 A(暂时将其余特征隐藏)。

(1)选择“插入”→“钣金特征”→“孔”命令(或单击工具栏按钮),弹出“钣金孔”对话框。

(2)方法选择“定位”,类型选择“贯通”,直径为“40”,如图 7.17 所示。

(3)定义孔的放置面:此时,“放置面”按钮已处于激活状态,选取如图 7.18 所示表面为

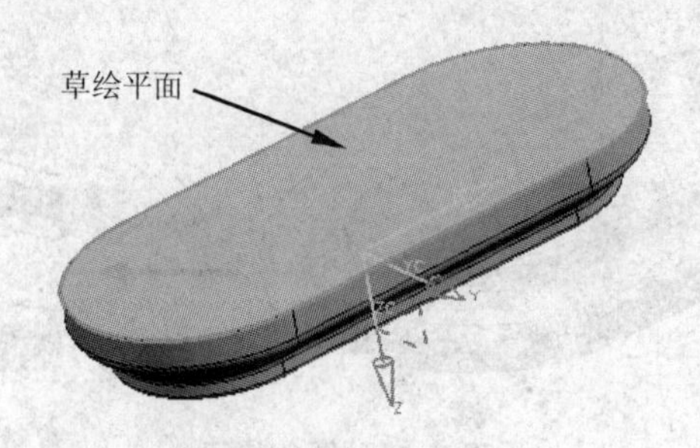

图 7.14　草绘平面

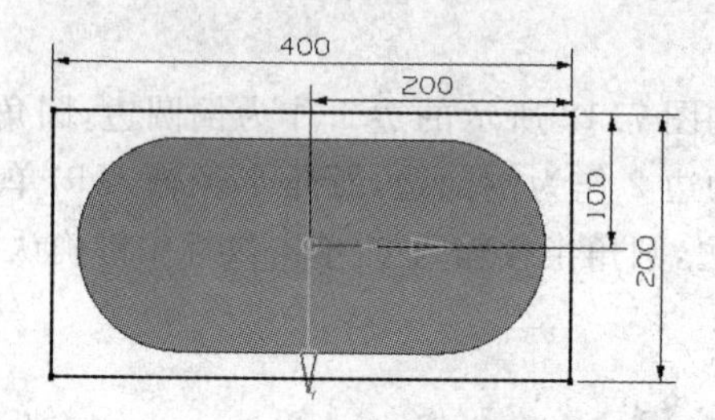

图 7.15　剖面草图

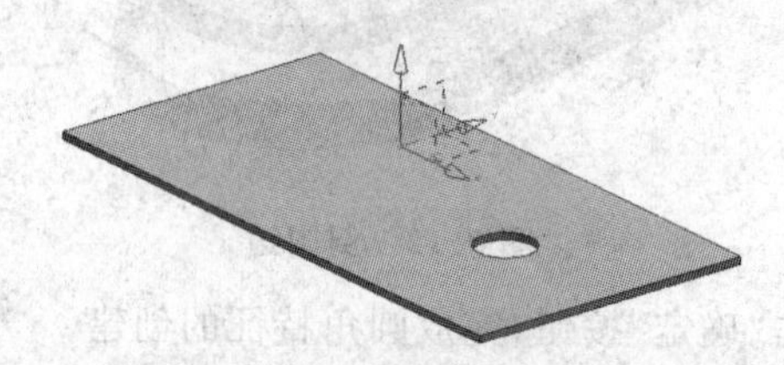

图 7.16　钣金孔特征 A

孔的放置面，单击鼠标中键确认。

(4)定义孔的贯通面：此时，“贯通面”按钮已处于激活状态，选取放置面的对面为孔的贯通面，单击鼠标中键确认。

(5)定义孔的位置：此时，弹出“定位”对话框如图 7.19 所示，定位方式选择“垂直”按钮，选择第一条基准边，如图 7.20 所示，在弹出的“创建表达式”对话框中输入 100，单击“确定”按钮，此时，再次弹出“定位”对话框，定位方式再次选择按钮，选择第二条基准边，如图 7.20 所示，在弹出的“创建表达式”对话框中输入 100，单击“确定”按钮，完成钣金孔特征 A 的创建。

Step10：创建如图 7.21 所示的钣金孔特征 B，方法同钣金孔特征 A 的创建，唯的一区别在于定位尺寸，当选择第 1 条基准边时，在弹出的“创建表达式”对话框中输入 200。

Step11：创建如图 7.22 所示的钣金孔特征 C，方法同钣金孔特征 A 的创建，唯一的区别在于定位尺寸，当选择第 1 条基准边时，在弹出的“创建表达式”对话框中输入 300。

Step12：创建如图 7.23 所示的实体冲压特征(显示前面所隐藏的特征)。

(1)选择“插入”→“钣金特征”→“实体冲压”命令(或单击工具栏按钮)，弹出“实体冲压”对话框。

(2)类型选择“冲孔”。

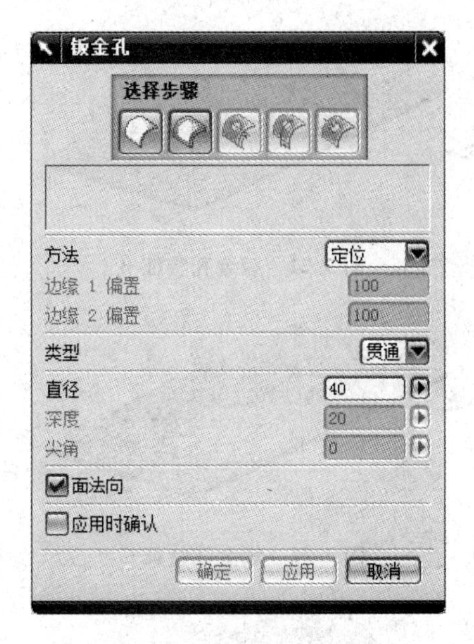

图 7.17 “钣金孔”对话框

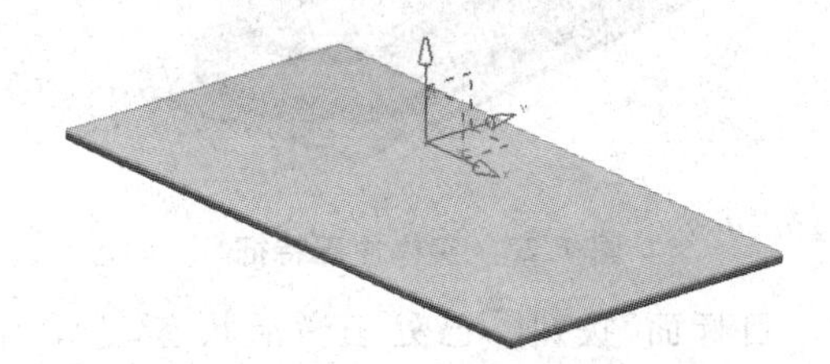

图 7.18 钣金孔放置面

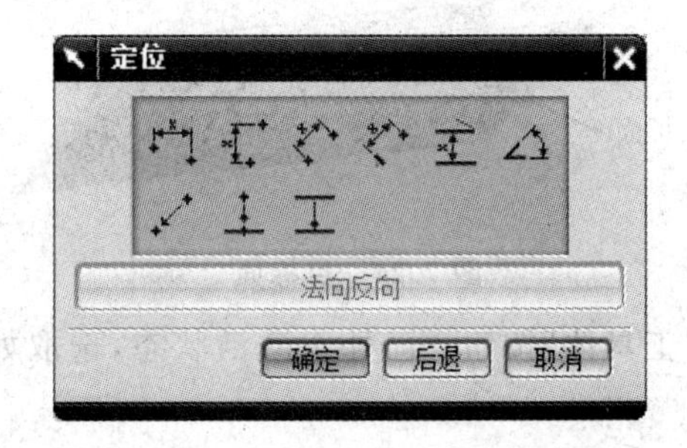

图 7.19 “定位”对话框

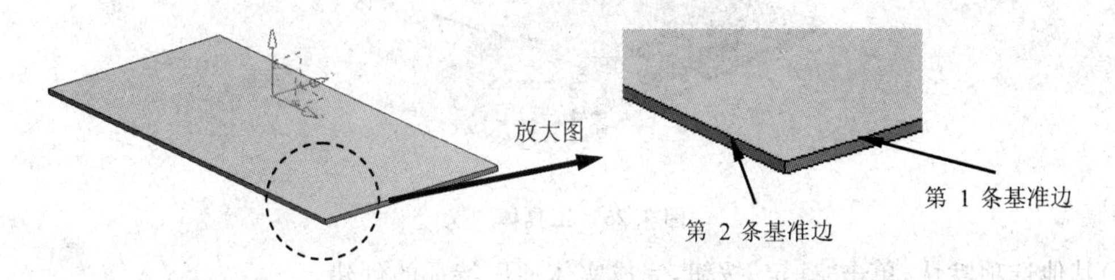

图 7.20 定位基准边

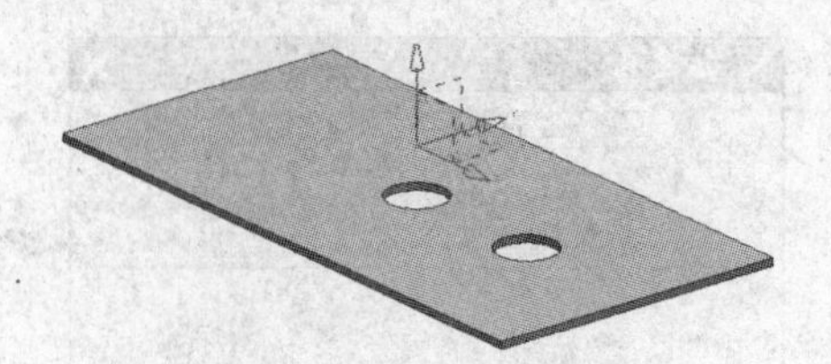

图 7.21 钣金孔特征 B

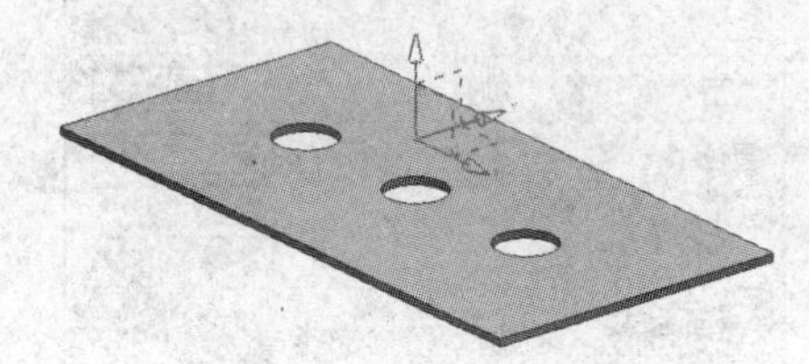

图 7.22 钣金孔特征 C

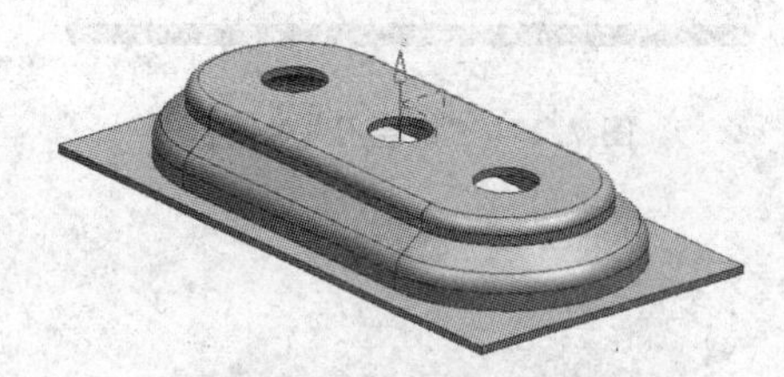

图 7.23 实体冲压特征

(3)定义目标面:此时,“目标面”按钮已处于激活状态,选取如图 7.24 所示的面为目标面。

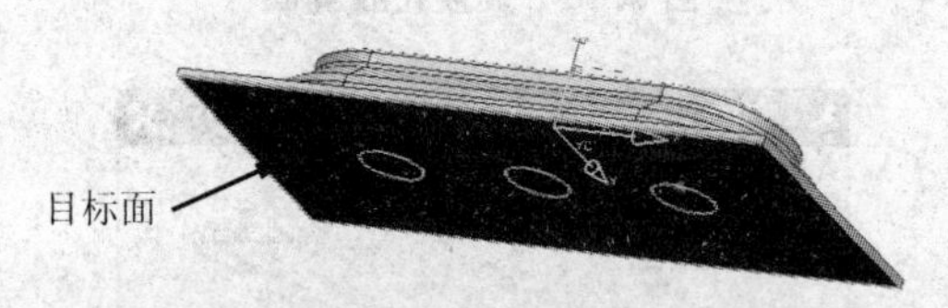

图 7.24 目标面

(4)定义工具体:此时,“工具体”按钮已处于激活状态,选取如图 7.25 所示的实体为工具体。

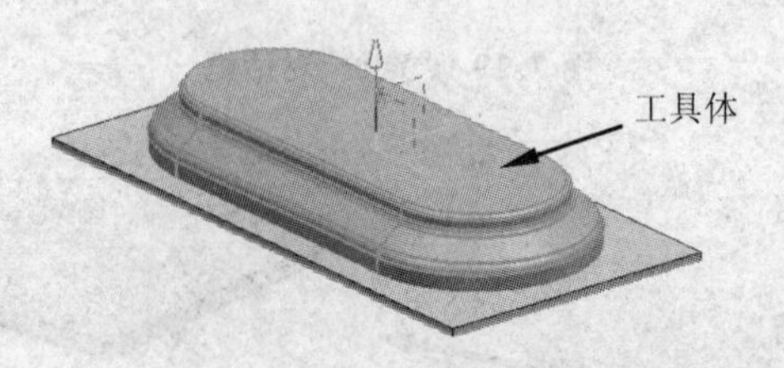

图 7.25 工具体

(5)其他选项默认,单击“确定”按钮,完成实体冲压特征的创建。

Step13: 创建如图 7.26 所示的拉伸特征 D。

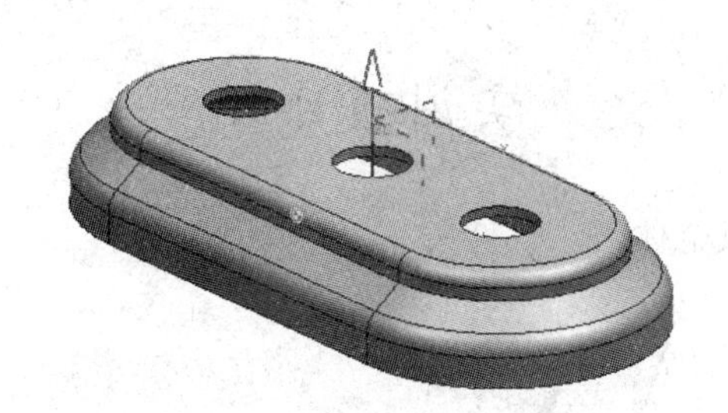

图 7.26　拉伸特征 D

(1)选择“插入”→“设计特征”→“拉伸”命令(或单击工具栏按钮),弹出“拉伸”对话框。

(2)定义拉伸剖面:在选择条的“曲线规则”中选择“面的边缘”,选取实体表面如图 7.27 所示。

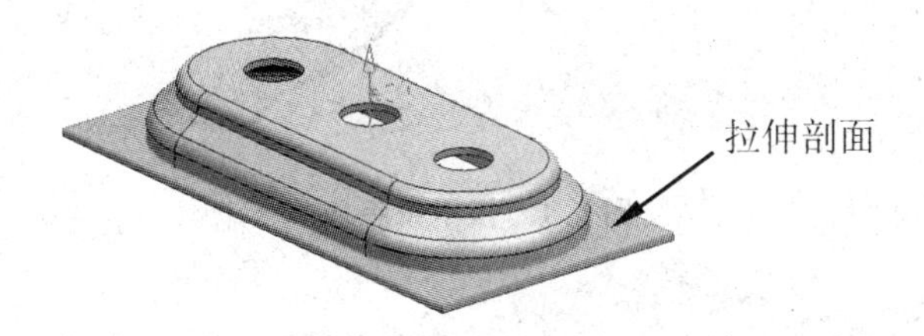

图 7.27　拉伸剖面

(3)定义拉伸方向为 - Z 方向,并在“限制”选项组中输入拉伸开始值为 0,结束选择“贯通”。布尔运算选择“求差”,单击“确定”按钮,完成拉伸特征 D 的创建。

Step14:保存零件模型。

选择“文件”→“保存”命令(或直接单击工具栏按钮),完成零件模型的保存。

实训项目 8

完成如图 8.1 所示的钣金体

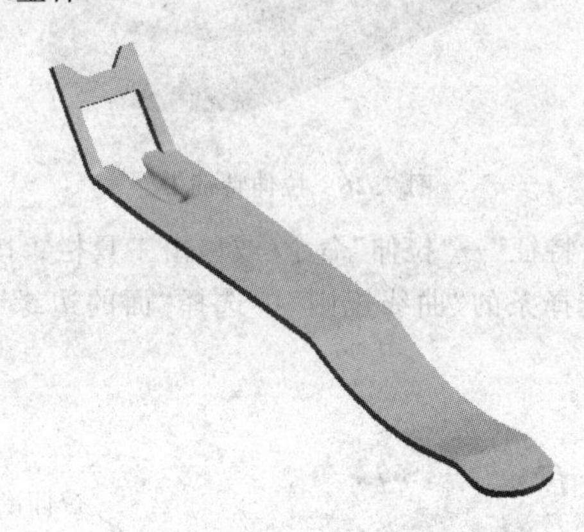

图 8.1　指甲钳手柄

Step1：新建文件。

选择“文件”→“新建”命令（或直接单击工具栏按钮），弹出“新建”对话框。新建名称为“project-8. Prt”的模型文件，设置零件模型单位为“毫米”，并单击“确定”按钮进入建模环境。

Step2：创建如图 8.2 所示的拉伸特征 A 。

图 8.2　拉伸特征 A

(1)选择“插入”→“设计特征”→“拉伸”命令（或直接单击工具栏按钮），弹出“拉伸”对话框。

(2)定义拉伸剖面：单击“拉伸”对话框中的“绘制截面”按钮，弹出“创建草图”对话框。直接单击“确定”按钮，以 XC-YC 平面作为草绘平面，进入草绘环境，绘制如图 8.3 所示的草图。绘制完成后，直接单击完成草图按钮，退出草图环境。

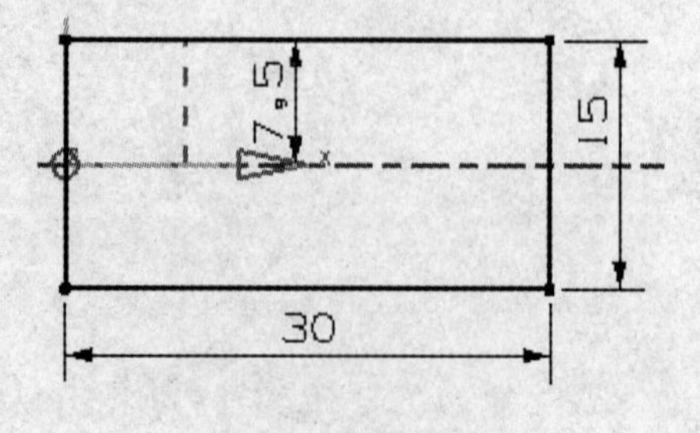

图 8.3　剖面草图

(3)定义拉伸属性：拉伸方向为系统默认方向，并在“限制”选项组中输入拉伸开始值为 0，结束值为 1，其余选项默认。

(4)单击“确定”按钮，完成拉伸特征 A 的创建。

Step3：绘制如图 8.4 所示的草图 A，作为后续折弯特征 A 的应用曲线。

图 8.4　草图 A

(1)选择“插入”→“草图”命令(或单击工具栏按钮)，弹出“创建草图”对话框。

(2)定义草绘平面：选取如图 8.5 所示的拉伸特征 A 的表面为草绘平面，单击“确定”按钮，进入草绘环境，绘制如图 8.5 所示草图。绘制完成后，直接单击完成草图按钮，退出草图环境，完成草图 A 的绘制。

图 8.5　草绘平面

Step4：创建折弯特征 A。

(1)选择“插入”→“钣金特征”→“折弯”命令(或直接单击工具栏按钮)，弹出“折弯”对话框。

(2)定义折弯基本面：此时“基本面”按钮处于激活状态，选取如图 8.6 所示的模型表面为折弯基本面，并单击鼠标中键确认。

图 8.6　折弯基本面

(3)定义折弯应用曲线：此时“应用曲线”按钮处于激活状态，选取如图 8.7 所示的曲线作为折弯应用曲线，并单击鼠标中键确认。

(4)定义折弯方向和静止侧方向，如图 8.7 所示。

(5)折弯参数设置：角度为 30 度，半径为 40，其余选项默认。

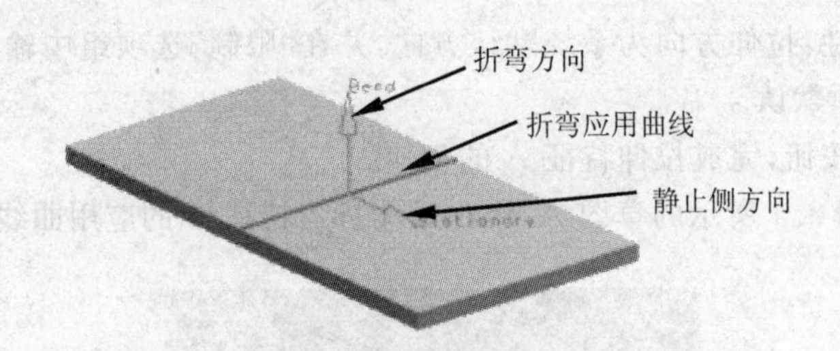

图 8.7　折弯应用曲线

(6)单击“确定”按钮,完成折弯特征 A 的创建。

Step5：成形 Step4 创建的折弯特征 A。

(1)选择“插入”→“钣金特征”→“成形/展开”命令(或直接单击工具栏按钮),弹出“成形/展开”对话框。

(2)单击“成形/展开”对话框中的“全部成形”按钮,将前面创建的折弯特征全部成形,如图 8.8 所示。

图 8.8　成形特征

(3)单击“成形/展开”对话框中的“取消”按钮,完成成形/展开特征的创建。

Step6：创建如图 8.9 所示的弯边特征 A。

(1)选择“插入”→“钣金特征”→“弯边”命令(或直接单击工具栏按钮),弹出“弯边”对话框。

(2)定义折弯边:选取如图 8.10 所示实体的下边缘为折弯边。

图 8.9　弯边特征 A　　　　图 8.10　折弯边

(3)定义弯边属性:相切长度值为 12,折弯角为 20 度,内半径值为 3,其余选项默认。

(4)单击“确定”按钮,完成弯边特征 A 的创建。

Step7：创建如图 8.11 所示的弯边特征 B。

图 8.11　弯边特征 B

(1)选择“插入”→“钣金特征”→“弯边”命令(或直接单击工具栏按钮)，弹出“弯边”对话框。

(2)定义折弯边:选取如图 8.12 所示实体的下边缘为折弯边。

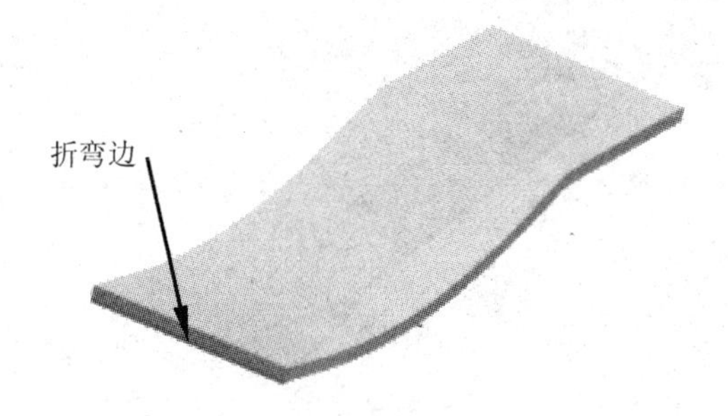

图 8.12　折弯边

(3)定义弯边属性:相切长度值为 60，折弯角为 20 度，内半径值为 3，其余选项默认。

(4)单击“确定”按钮，完成弯边特征 B 的创建。

Step8：创建如图 8.13 所示的拉伸特征 B。

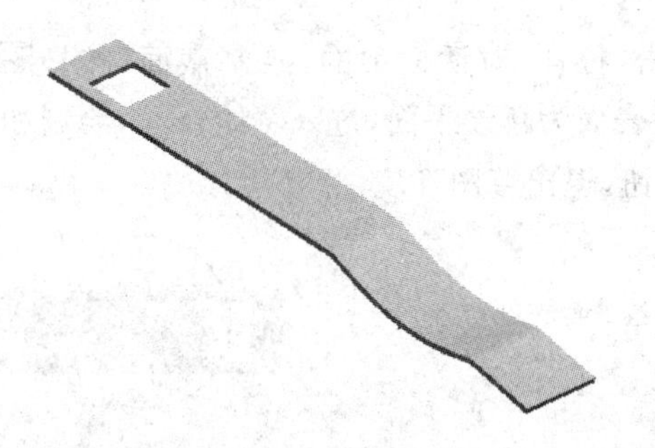

图 8.13　拉伸特征 B

(1)选择“插入”→“设计特征”→“拉伸”命令(或直接单击工具栏按钮)，弹出“拉伸”对话框。

(2)定义拉伸剖面:单击“拉伸”对话框中的“绘制截面”按钮，弹出“创建草图”对话框。选取如图 8.14 所示的模型表面为草绘平面，进入草绘环境，绘制如图 8.15 所示的草图。绘制完成后，直接单击完成草图按钮，退出草图环境。

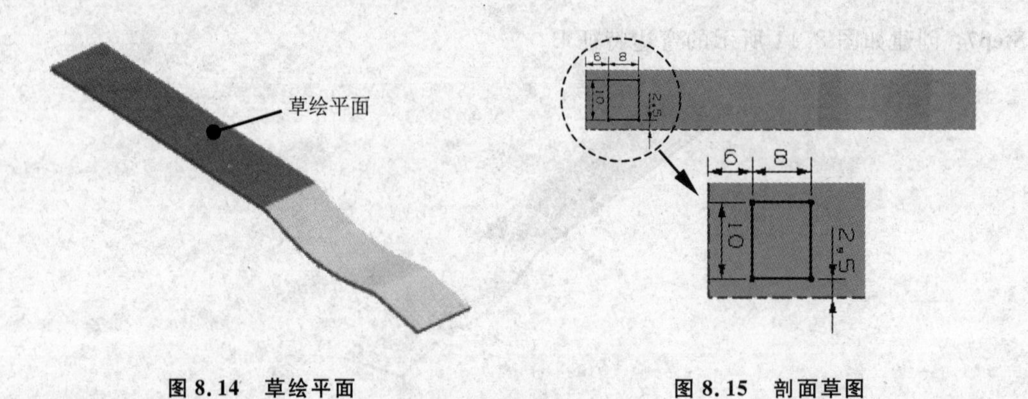

图 8.14 草绘平面　　　　图 8.15 剖面草图

(3)定义拉伸属性:单击按钮,使拉伸方向与默认方向相反,拉伸开始值为 0,在结束选项中选择“贯通”,布尔运算选择“求差”,其余选项默认。

(4)单击“确定”按钮,完成拉伸特征 B 的创建。

Step9:创建如图 8.16 所示的拉伸特征 C。

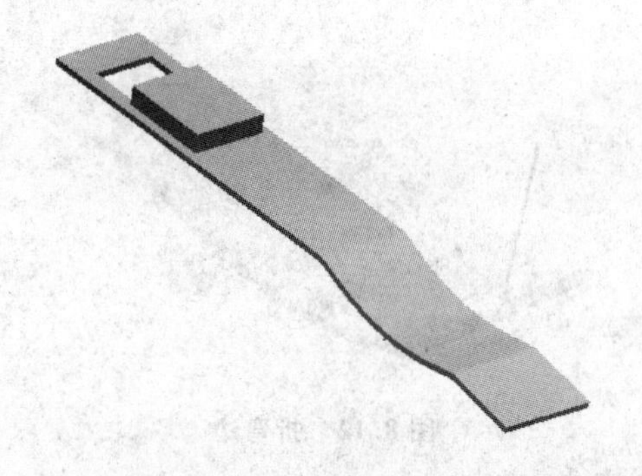

图 8.16 拉伸特征 C

(1)选择“插入”→“设计特征”→“拉伸”命令(或直接单击工具栏按钮),弹出“拉伸”对话框。

(2)定义拉伸剖面:单击“拉伸”对话框中的“绘制截面”按钮,弹出“创建草图”对话框。选取如图 8.17 所示的模型表面为草绘平面,进入草绘环境,绘制如图 8.18 所示的草图。绘制完成后,直接单击完成草图按钮,退出草图环境。

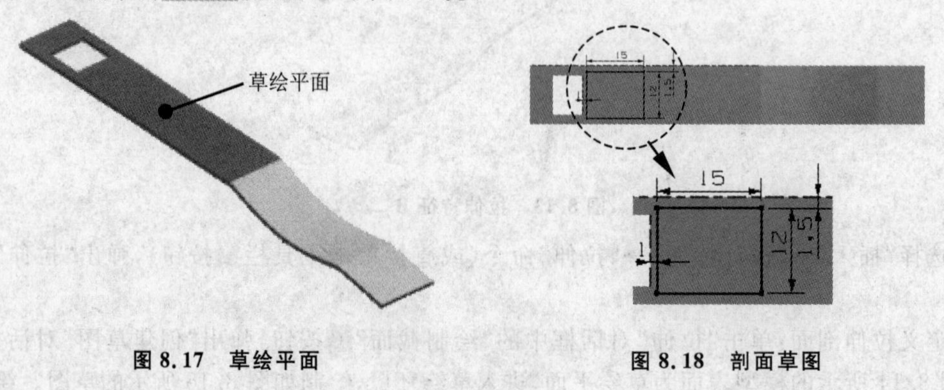

图 8.17 草绘平面　　　　图 8.18 剖面草图

(3)定义拉伸属性:拉伸方向为系统默认方向,拉伸开始值为 0,结束值为 3,布尔运算选择

“无”,其余选项默认。

(4)单击“确定”按钮,完成拉伸特征 C 的创建。

Step10:创建如图 8.19 所示的回转体特征。

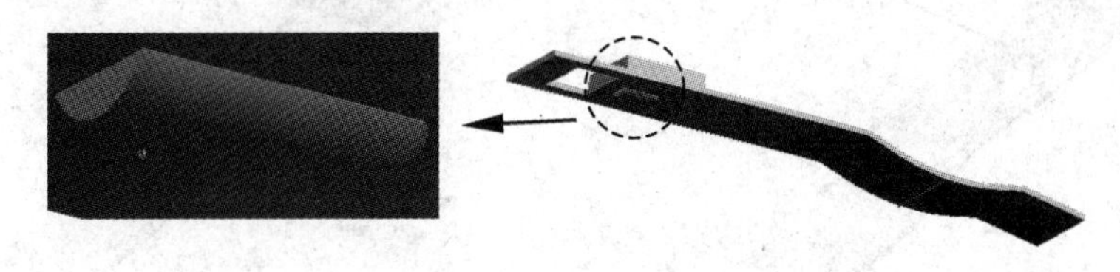

图 8.19　回转体特征

(1)选择“插入”→“设计特征”→“回转”命令(或直接单击工具栏按钮),弹出“回转”对话框。

(2)定义回转剖面:单击“回转”对话框中的“绘制截面”按钮,弹出“创建草图”对话框。选取 XC-ZC 平面为草绘平面,进入草绘环境,绘制如图 8.20 所示的草图。绘制完成后,直接单击按钮,退出草图环境。

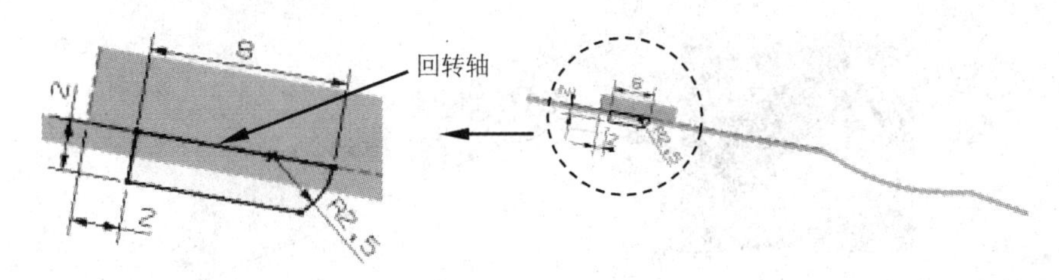

图 8.20　剖面草图

(3)定义回转属性:选取回转轴如图 8.20 所示,开始角度值为 0,结束角度值为 360,布尔运算选择与拉伸特征 C 进行“求和”,其余选项默认。

(4)单击“确定”按钮,完成回转体特征的创建。

Step11:创建如图 8.21 所示的实体冲压特征。

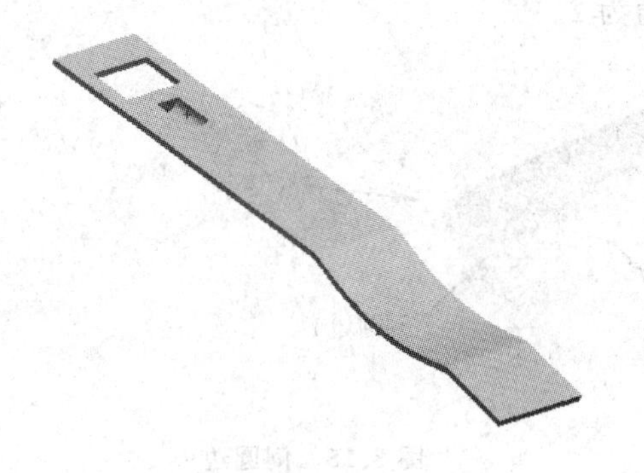

图 8.21　实体冲压特征

(1)选择“插入”→“钣金特征”→“实体冲压”命令(或单击工具栏按钮),弹出“实体冲压”对话框。

(2)类型选择“冲孔”。

(3)定义目标面:此时,“目标面”按钮已处于激活状态,选取如图 8.22 所示的面为目标面。

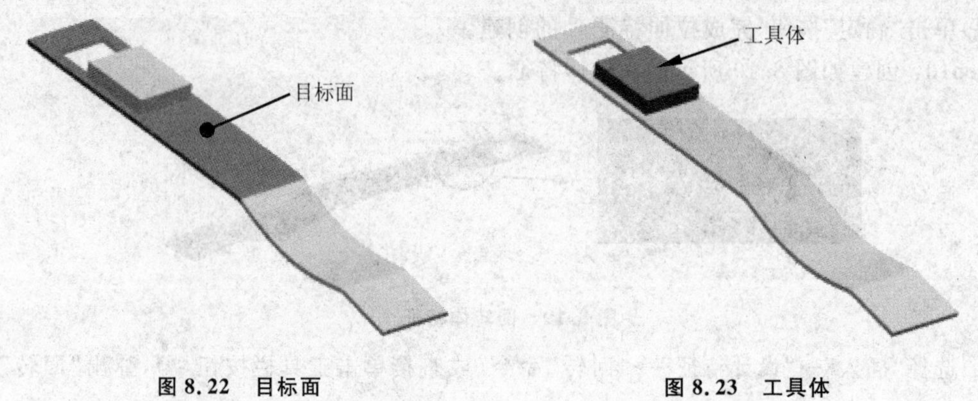

图 8.22　目标面　　　　图 8.23　工具体

(4)定义工具体:此时,“工具体”按钮已处于激活状态,选取的工具体如图 8.23 所示。

(5)其他选项默认,单击“确定”按钮,完成实体冲压特征的创建。

Step12:创建如图 8.24 所示的圆角特征 A。

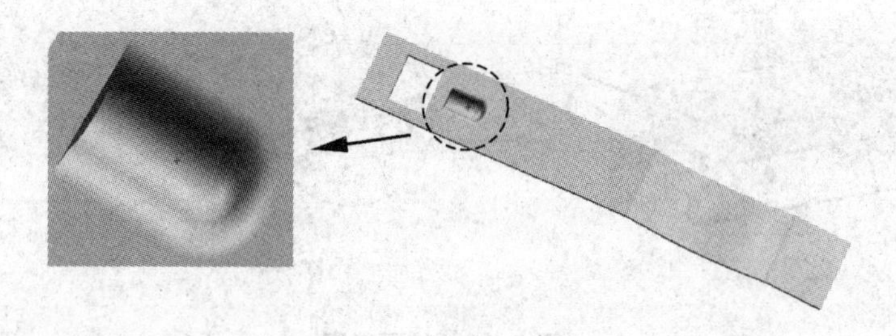

图 8.24　圆角特征 A

(1)选择“插入”→“细节特征”→“边倒圆”命令(或单击工具栏按钮),弹出“边倒圆”对话框。

(2)选择倒圆边:先选取图 8.25 所示的倒圆边 1,倒圆半径值为 1.5,单击“应用”按钮。再选取倒圆边 2,倒圆半径值为 2。

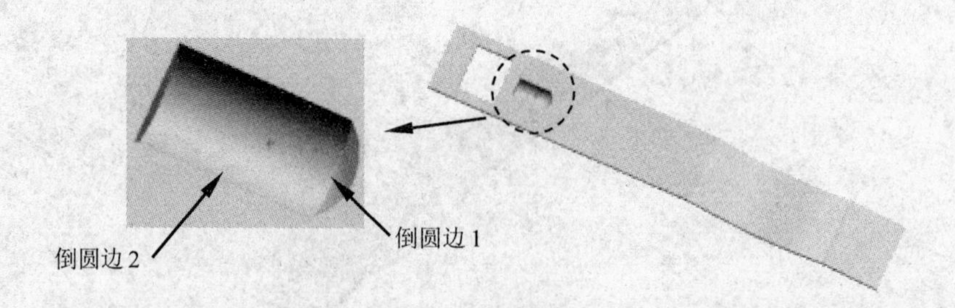

图 8.25　倒圆边

(3)单击“确定”按钮,完成圆角特征 A 的创建。

Step13:绘制如图 8.26 所示的草图 B,作为后续折弯特征 B 的应用曲线。

(1)选择“插入”→“草图”命令(或单击工具栏按钮),弹出“创建草图”对话框。

(2)定义草绘平面:选取如图 8.27 所示的模型表面为草绘平面,单击“确定”按钮,进入草绘环境,绘制如图 8.26 所示的草图。绘制完成后,直接单击按钮完成草图,退出草图环境,完成

图 8.26　草图 B

草图 B 的绘制。

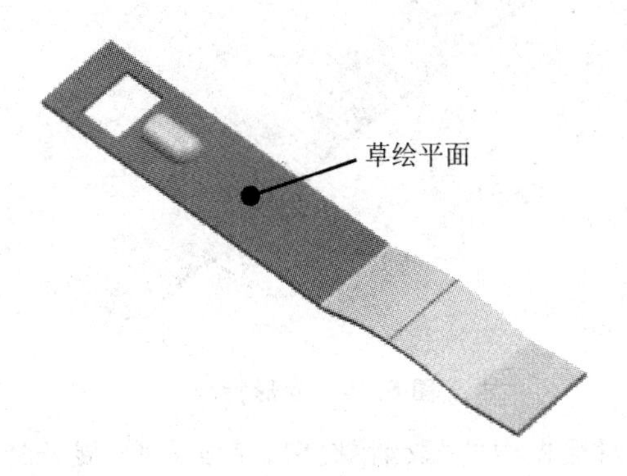

图 8.27　草绘平面

Step14：创建折弯特征 B。

(1)选择“插入”→“钣金特征”→“折弯”命令(或直接单击工具栏按钮),弹出“折弯”对话框。

(2)定义折弯基本面:此时“基本面”按钮处于激活状态,选取如图 8.28 所示的模型表面为折弯基本面,并单击鼠标中键确认。

(3)定义折弯应用曲线:此时“应用曲线”按钮处于激活状态,选取如图 8.29 所示曲线作为折弯应用曲线,并单击鼠标中键确认。

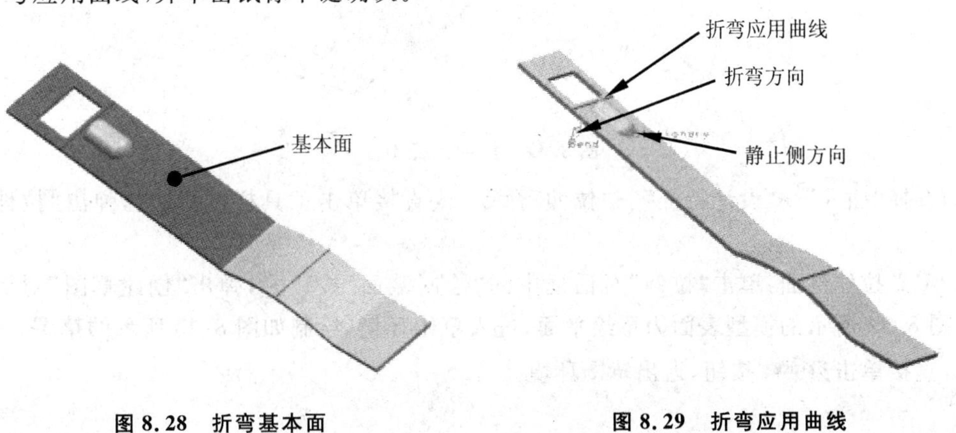

图 8.28　折弯基本面　　　　图 8.29　折弯应用曲线

(4)定义折弯方向和静止侧方向,如图 8.29 所示。

(5)折弯参数设置:角度为 45 度,半径为 2,其余选项默认。

(6)单击“确定”按钮,完成折弯特征 B 的创建。

Step15：成形 Step14 创建的折弯特征 B。

(1)选择“插入”→“钣金特征”→“成形/展开”命令(或直接单击工具栏按钮),弹出“成形/展开”对话框。

(2)单击“成形/展开”对话框中的“全部成形”按钮，将前面创建的折弯特征全部成形，如图 8.30 所示。

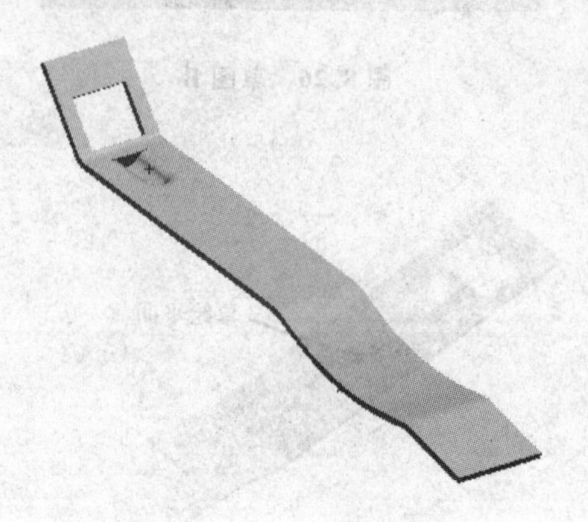

图 8.30　成形特征

(3)单击“成形/展开”对话框中的“取消”按钮，完成成形/展开特征的创建。

Step16：创建如图 8.31 所示的拉伸特征 D。

图 8.31　拉伸特征 D

(1)选择“插入”→“设计特征”→“拉伸”命令(或直接单击工具栏按钮)，弹出“拉伸”对话框。

(2)定义拉伸剖面：单击“拉伸”对话框中的“绘制截面”按钮，弹出“创建草图”对话框。选取如图 8.32 所示的模型表面为草绘平面，进入草绘环境，绘制如图 8.33 所示的草图。绘制完成后，直接单击完成草图按钮，退出草图环境。

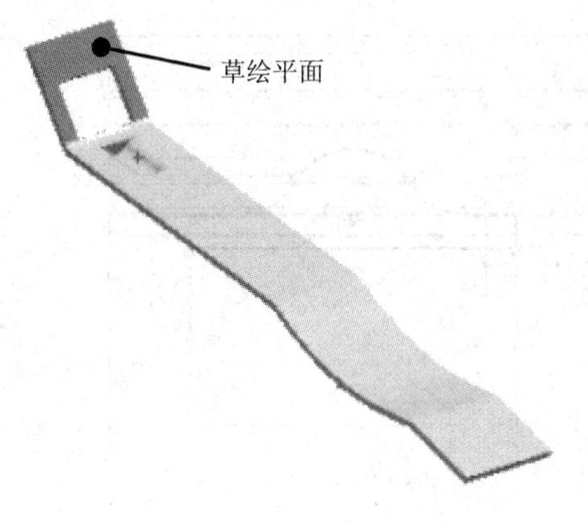

图 8.32　草绘平面

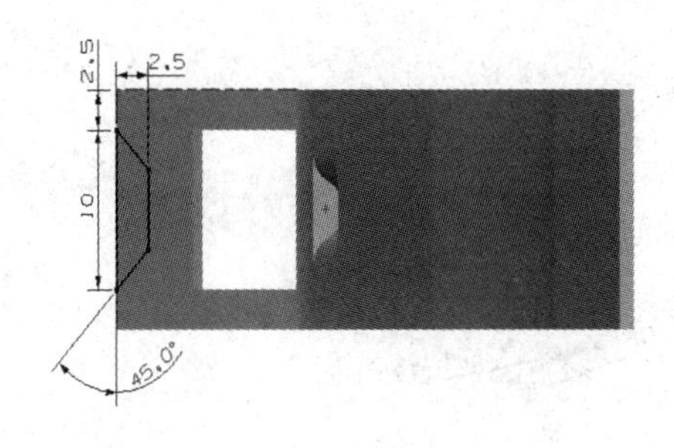

图 8.33　剖面草图

(3)定义拉伸属性：通过单击按钮调整拉伸方向，使其指向实体内部，拉伸开始值为 0，结束选项为“贯通”，布尔运算选择“求差”，其余选项默认。

(4)单击“确定”按钮，完成拉伸特征 D 的创建。

Step17：创建如图 8.34 所示的拉伸特征 E。

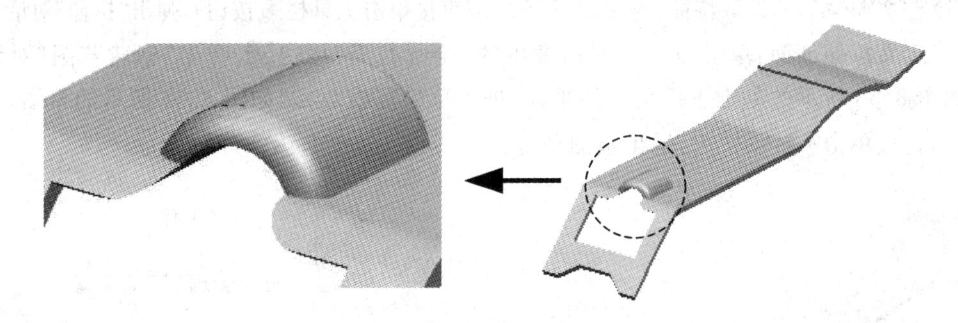

图 8.34　拉伸特征 E

(1)选择“插入”→“设计特征”→“拉伸”命令(或直接单击工具栏按钮)，弹出“拉伸”对话框。

(2)定义拉伸剖面：单击“拉伸”对话框中的“绘制截面”按钮，弹出“创建草图”对话框。选取如图 8.35 所示的模型表面为草绘平面，进入草绘环境，绘制如图 8.36 所示的草图。绘制完成后，直接单击按钮，退出草图环境。

(3)定义拉伸属性：开始选项为“对称值”，距离为 3，布尔运算选择“求差”，其余选项默认。

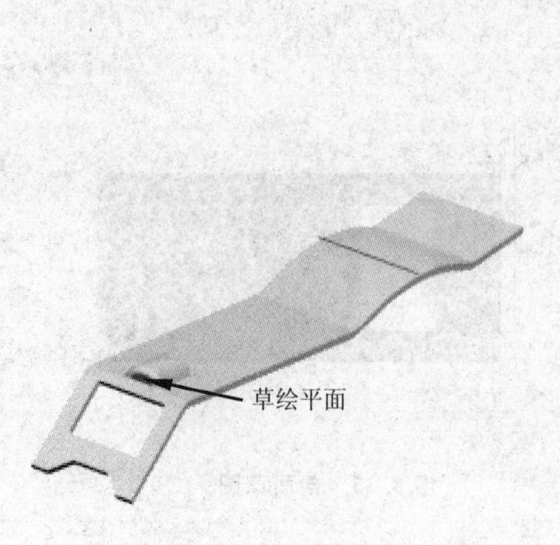

图 8.35　草绘平面

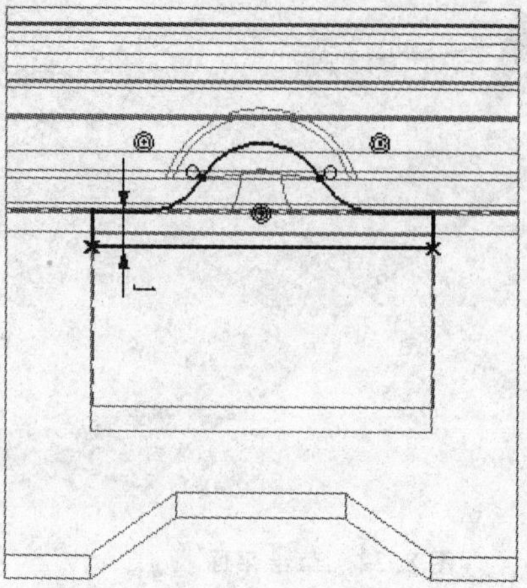

图 8.36　剖面草图

(4)单击“确定”按钮，完成拉伸特征 E 的创建。

Step18：创建如图 8.37 所示的拉伸特征 F。

(1)选择“插入”→“设计特征”→“拉伸”命令(或直接单击工具栏按钮)，弹出“拉伸”对话框。

(2)定义拉伸剖面：单击“拉伸”对话框中的“绘制截面”按钮，弹出“创建草图”对话框。创建如图 8.38 所示的基准平面为草绘平面，进入草绘环境，绘制如图 8.39 所示的草图。绘制完成后，直接单击完成草图按钮，退出草图环境。

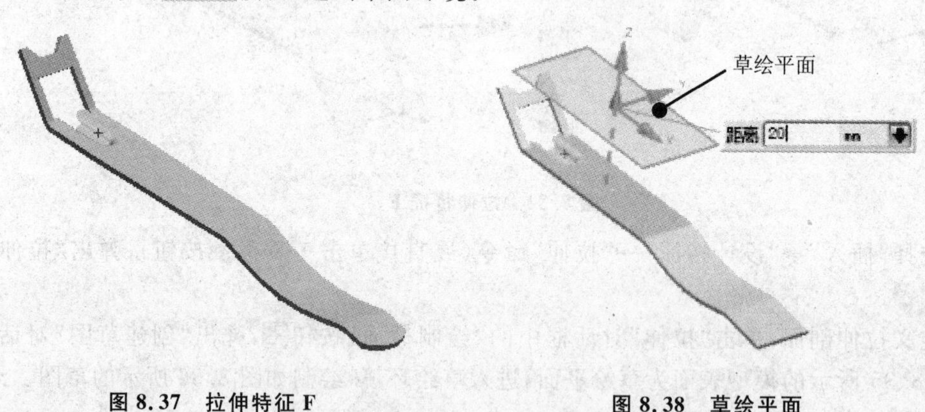

图 8.37　拉伸特征 F

图 8.38　草绘平面

(3)定义拉伸属性：通过单击“拉伸属性”命令按钮调整拉伸方向，使其指向实体，拉伸开始值为 0，结束选项为“贯通”，布尔运算选择“求差”，其余选项默认。

(4)单击“确定”按钮，完成拉伸特征 F 的创建。

Step19：创建如图 8.40 所示的圆角特征 B。

(1)选择“插入”→“细节特征”→“边倒圆”命令(或单击工具栏按钮)，弹出“边倒圆”对话框。

(2)选择倒圆边：选取如图 8.41 所示的倒圆边，倒圆半径值为 3。

(3)单击“确定”按钮，完成圆角特征 B 的创建。

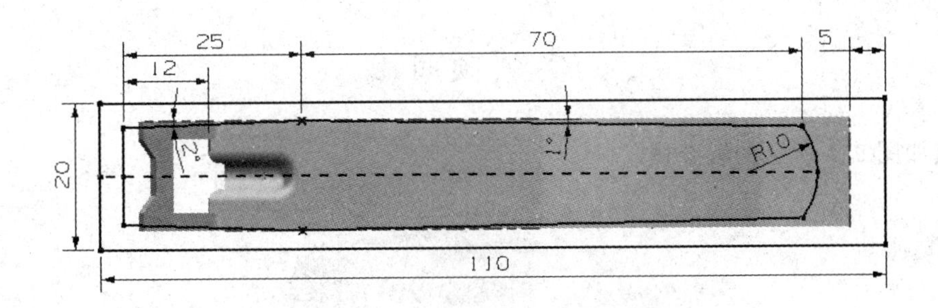

图 8.39 剖面草图

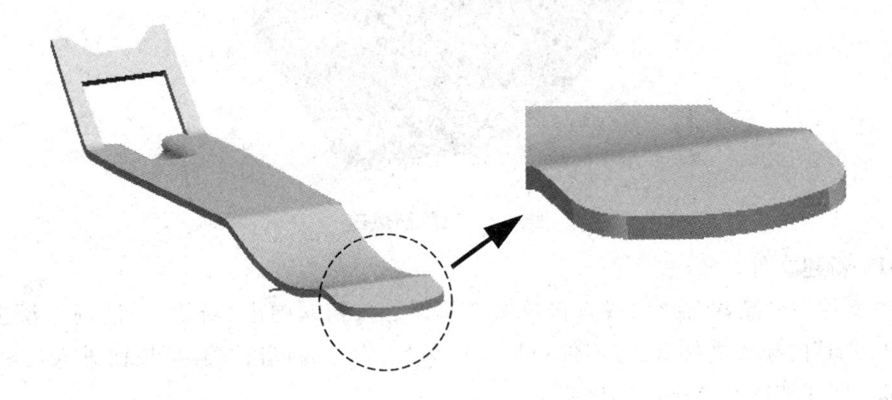

图 8.40 圆角特征 B

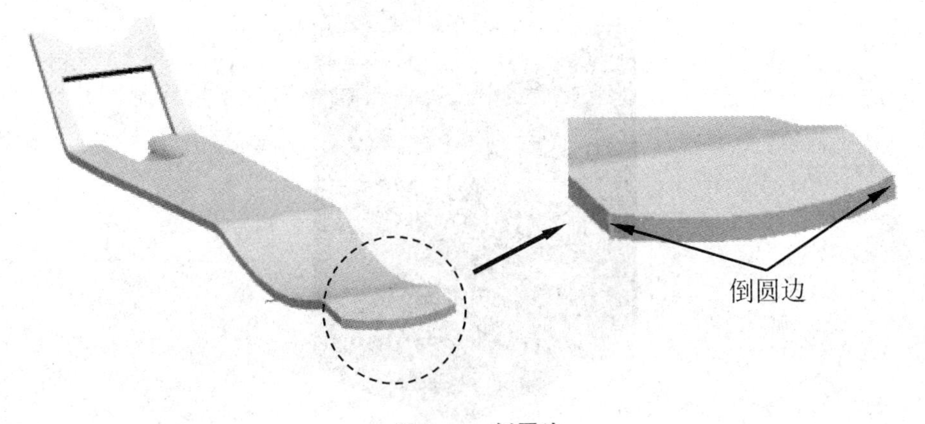

图 8.41 倒圆边

Step20:保存零件模型。

选择“文件”→“保存”命令(或直接单击工具栏按钮),完成零件模型的保存。

实训项目 9

完成如图 9.1 所示的钣金体。

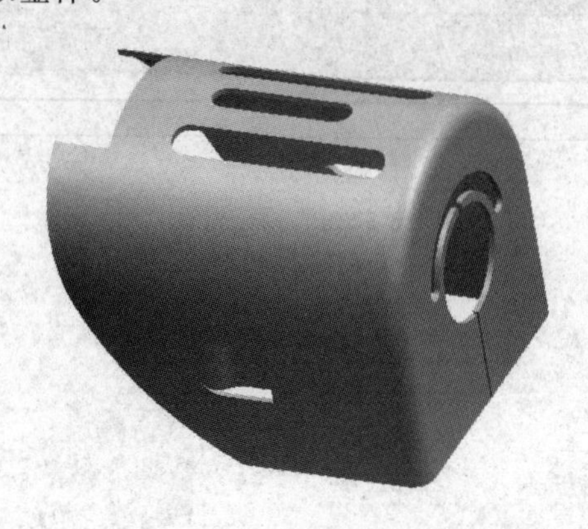

图 9.1 火机防风盖

Step1：新建文件。

选择“文件”→“新建”命令(或直接单击工具栏按钮)，弹出“新建”对话框。新建名称为“project-9. Prt”的模型文件，设置零件模型单位为“毫米”，并单击“确定”按钮进入建模环境。

Step2：创建如图 9.2 所示的拉伸特征 A 。

图 9.2 拉伸特征 A

(1)选择“插入”→“设计特征”→“拉伸”命令(或直接单击工具栏按钮)，弹出“拉伸”对话框。

(2)定义拉伸剖面：单击“拉伸”对话框中的“绘制截面”按钮，弹出“创建草图”对话框。直接单击“确定”按钮，以 XC-YC 平面作为草绘平面，进入草绘环境，绘制如图 9.3 所示的草图。绘制完成后，直接单击完成草图按钮，退出草图环境。

(3)定义拉伸属性：拉伸方向为系统默认方向，并在“限制”选项组中输入拉伸开始值为 0，

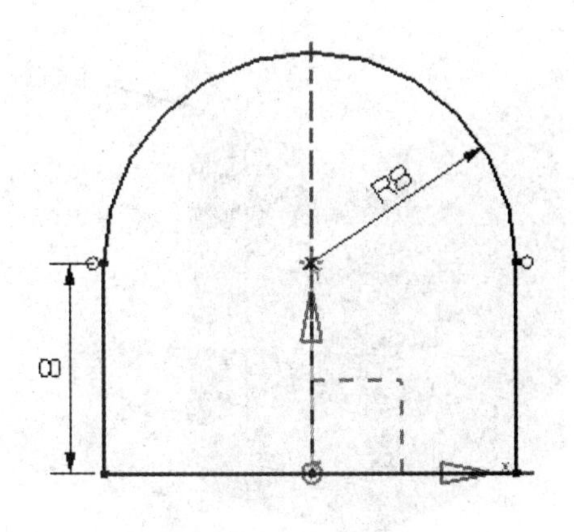

图 9.3 剖面草图

结束值为 20,其余选项默认。

(4)单击"确定"按钮,完成拉伸特征 A 的创建。

Step3:创建如图 9.4 所示的圆角特征 A。

(1)选择"插入"→"细节特征"→"边倒圆"命令(或单击工具栏按钮),弹出"边倒圆"对话框。

(2)选择倒圆边:选取如图 9.5 所示的边线为倒圆边,并输入倒圆半径值为 1。

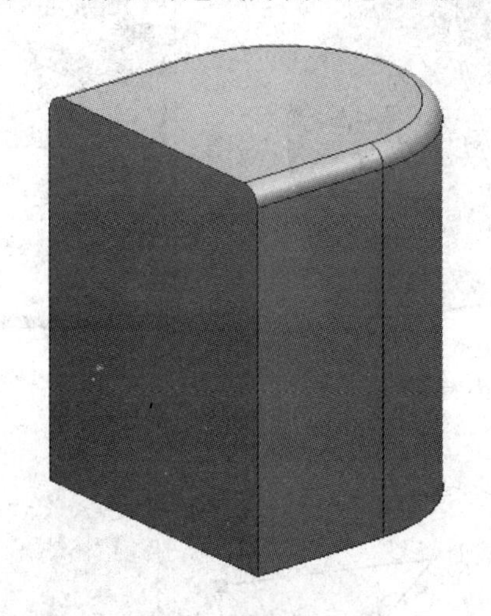

图 9.4 圆角特征 A

(3)单击"确定"按钮,完成圆角特征 A 的创建。

Step 4:创建如图 9.6 所示的抽壳特征。

(1)选择"插入"→"偏置/缩放"→"抽壳"命令(或单击工具栏按钮),弹出"壳单元"对话框,如图 9.7 所示。

(2)定义抽壳属性:抽壳类型选择"移出面,然后抽壳",厚度值为 0.3。

(3)选取移出的面:选取如图 9.8 所示的面为抽壳移出面。

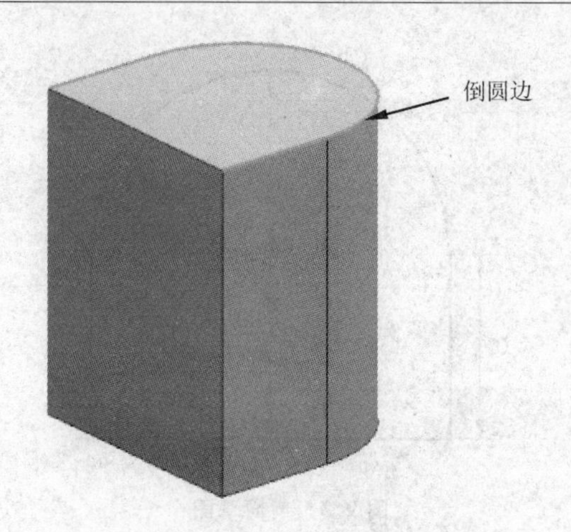

图 9.5 圆角特

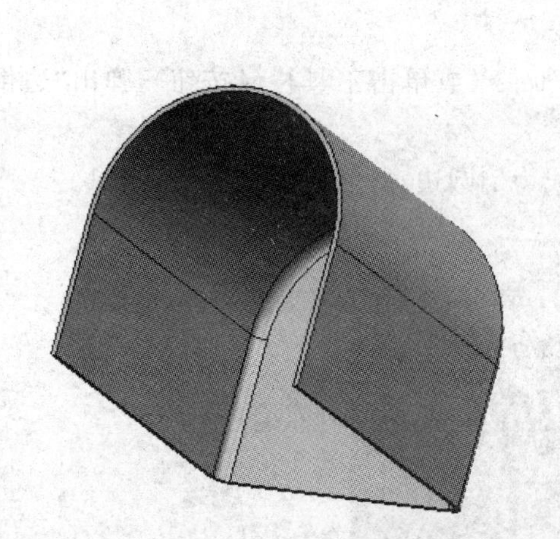

图 9.6 抽壳特征

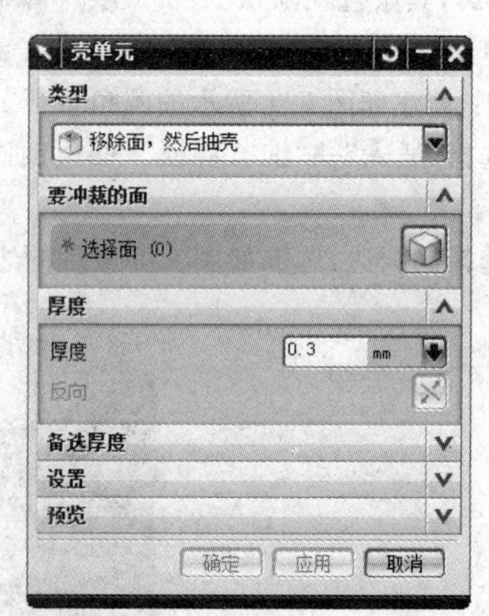

图 9.7 壳单元"对话框

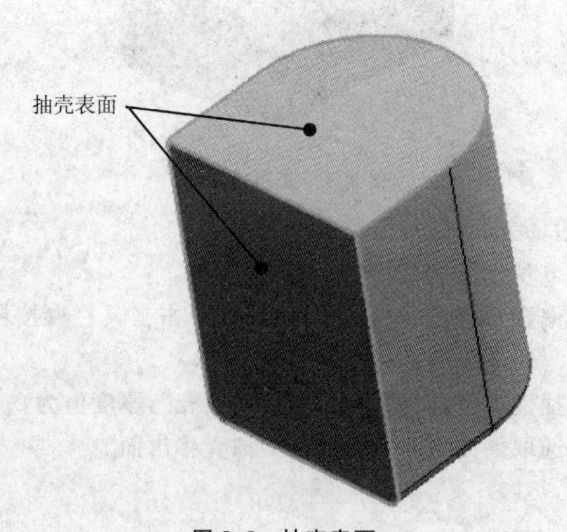

图 9.8 抽壳表面

(4)其余选项默认,单击“确定”按钮,完成抽壳特征的创建。

Step 5:创建如图 9.9 所示的草图 A,作为后续钣金除料特征的轮廓曲线。

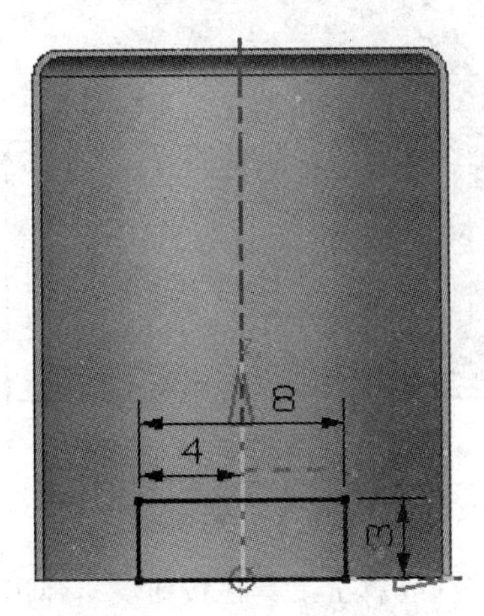

图 9.9　草图 A

(1)选择“插入”→“草图”命令(或单击工具栏按钮),弹出“创建草图”对话框。

(2)定义草绘平面:直接选择 XC-YC 基准平面为草绘平面,单击“确定”按钮,进入草绘环境,绘制如图 9.9 所示的草图。绘制完成后,直接单击完成草图按钮,退出草图环境,完成草图 A 的绘制。

Step 6:创建如图 9.10 所示的钣金除料特征 A。

(1)选择“插入”→“钣金特征”→“除料”命令(或单击工具栏按钮),弹出“钣金除料”对话框。

(2)此时,“选择步骤”选项组中的“放置面”按钮已处于激活状态,选取如图 9.11 所示的面为放置面,单击鼠标中键确认。

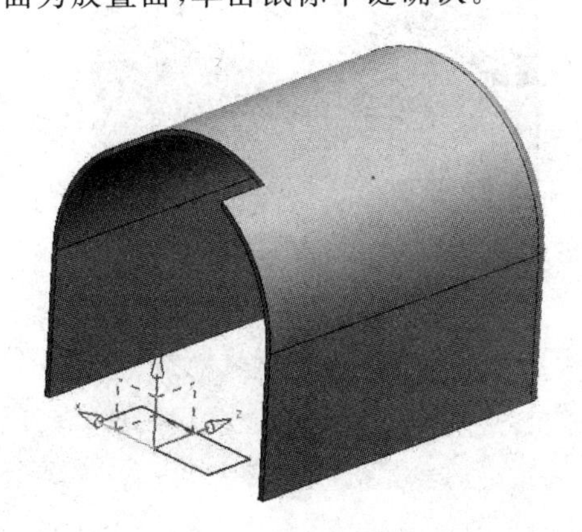

图 9.10　钣金除料特征 A

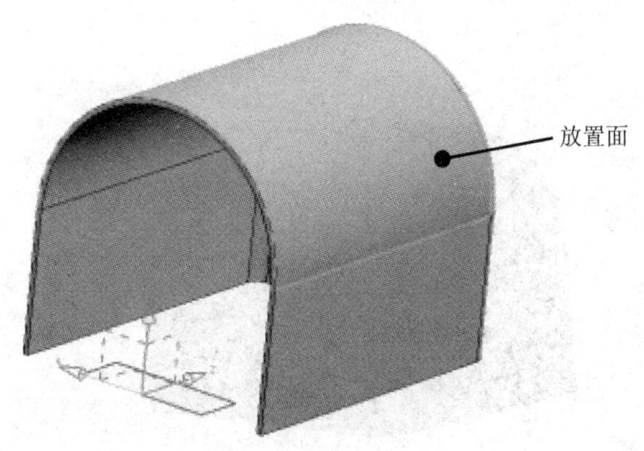

图 9.11　放置面

(3)此时,“选择步骤”选项组中的“轮廓”按钮已处于激活状态,选取草图 A 为除料轮廓,如果除料方向不对,可单击“舍弃区域相反”按钮进行调整,其余选项默认。单击“确定”按钮,完成钣金除料特征 A 的创建。

Step 7:创建如图 9.12 所示的草图 B,作为后续钣金除料特征的轮廓曲线。

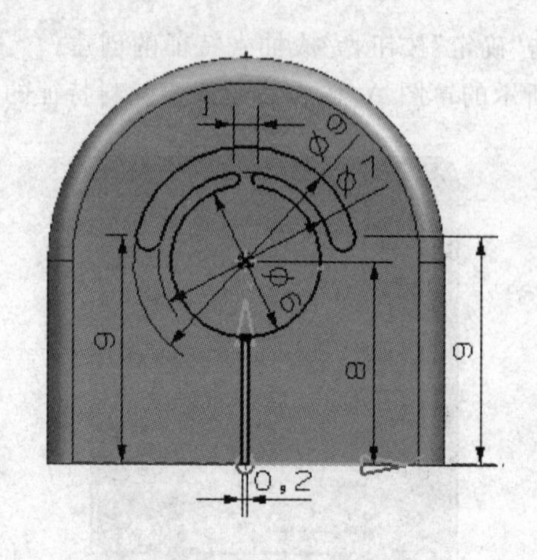

图 9.12 草图 B

(1)选择“插入”→“草图”命令(或单击工具栏按钮),弹出“创建草图”对话框。

(2)定义草绘平面:直接单击“确定”按钮,选择 XC-YC 基准平面为草绘平面,进入草绘环境,绘制如图 9.12 所示的草图。绘制完成后,直接单击完成草图按钮,退出草图环境,完成草图 B 的绘制。

Step 8:创建如图 9.13 所示的钣金除料特征 B。

(1)选择“插入”→“钣金特征”→“除料”命令(或单击工具栏按钮),弹出“钣金除料”对话框。

(2)此时,“选择步骤”选项组中的“放置面”按钮已处于激活状态,选取如图 9.14 所示的面为放置面,单击鼠标中键确认。

图 9.13 钣金除料特征 B

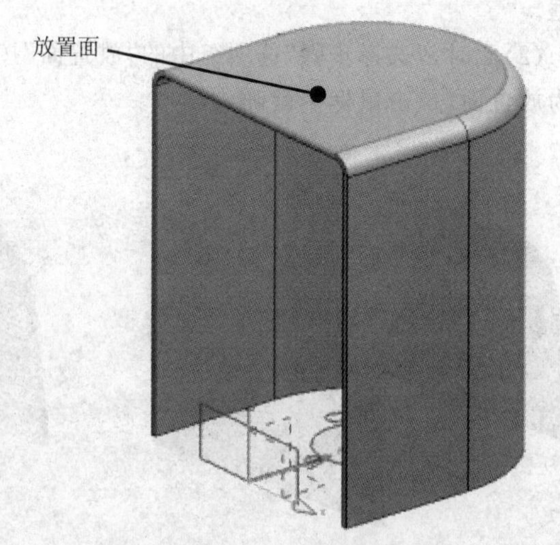

图 9.14 放置面

(3)此时,“选择步骤”选项组中的“轮廓”按钮已处于激活状态,选取草图 B 为除料轮廓,如果除料方向不对,可单击“舍弃区域相反”按钮进行调整,其余选项默认。单击“确定”按钮,完成钣金除料特征 B 的创建。

Step9:创建如图 9.15 所示的拉伸特征 B 。

(1)选择“插入”→“设计特征”→“拉伸”命令(或直接单击工具栏按钮),弹出“拉伸”对话框。

(2)定义拉伸剖面:单击“拉伸”对话框中的“绘制截面”按钮,弹出“创建草图”对话框。以 YC-ZC 基准平面作为草绘平面,进入草绘环境,绘制如图 9.16 所示的草图。绘制完成后,直接单击完成草图按钮,退出草图环境。

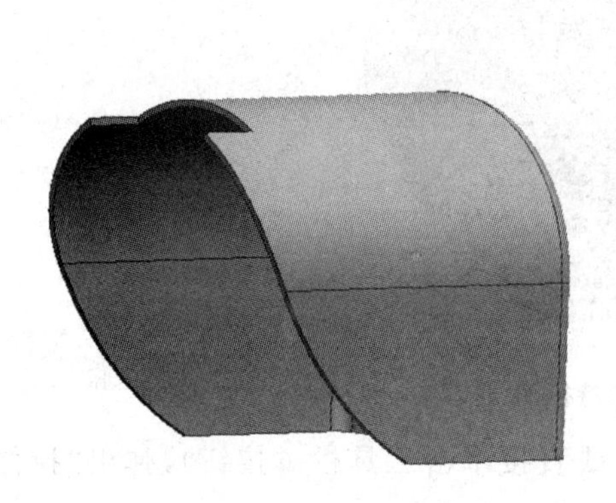

图 9.15　拉伸特征 B

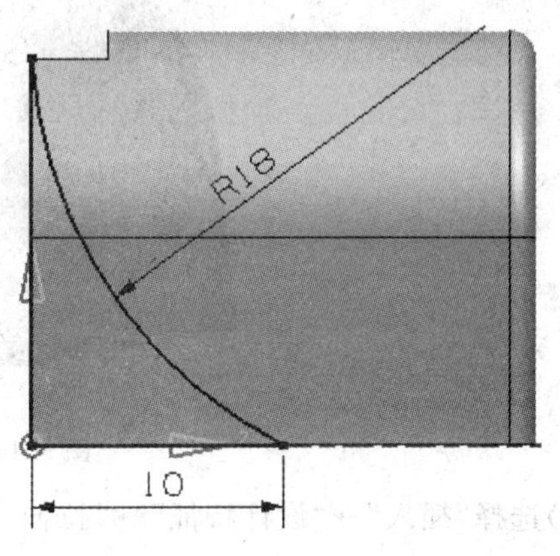

图 9.16　剖面草图

(3)定义拉伸属性:拉伸方向为系统默认方向,开始选项选择“贯通”,布尔运算选择“求差”,其余选项默认。

(4)单击“确定”按钮,完成拉伸特征 B 的创建。

Step10:创建如图 9.17 所示的拉伸特征 C。

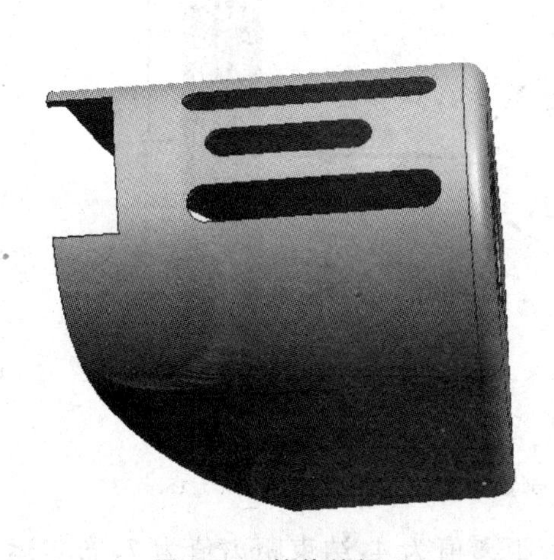

图 9.17　拉伸特征 C

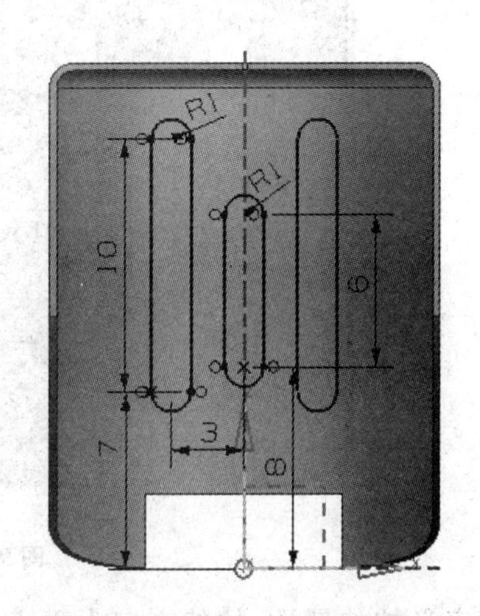

图 9.18　剖面草图

(1)选择“插入”→“设计特征”→“拉伸”命令(或直接单击工具栏按钮),弹出“拉伸”对话框。

(2)定义拉伸剖面:单击“拉伸”对话框中的“绘制截面”按钮,弹出“创建草图”对话框。以 XC-ZC 基准平面作为草绘平面,进入草绘环境,绘制如图 9.18 所示的草图。绘制完成后,直接单击完成草图按钮,退出草图环境。

(3)定义拉伸属性:拉伸方向为系统默认方向,开始选项选择“贯通”,布尔运算选择“求差”,其余选项默认。

(4)单击“确定”按钮,完成拉伸特征 C 的创建。

Step11:创建如图 9.19 所示的拉伸特征 D,作为后续实体冲压特征的工具体。

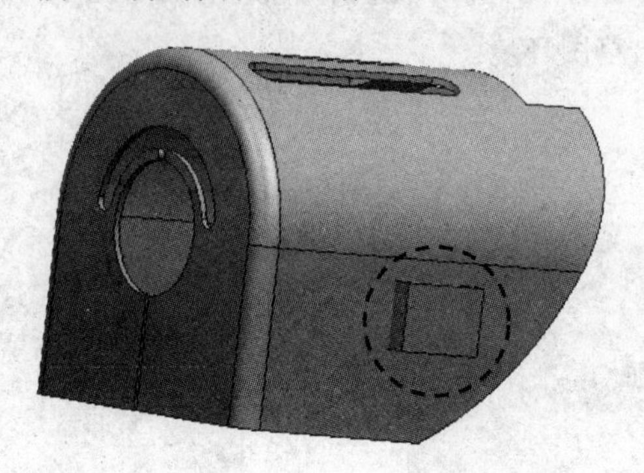

图 9.19 拉伸特征 D

(1)选择“插入”→“设计特征”→“拉伸”命令(或直接单击工具栏按钮),弹出“拉伸”对话框。

(2)定义拉伸剖面:单击“拉伸”对话框中的“绘制截面”按钮,弹出“创建草图”对话框。以 XC-ZC 基准平面作为草绘平面,进入草绘环境,绘制如图 9.20 所示的草图。绘制完成后,直接单击按钮,退出草图环境。

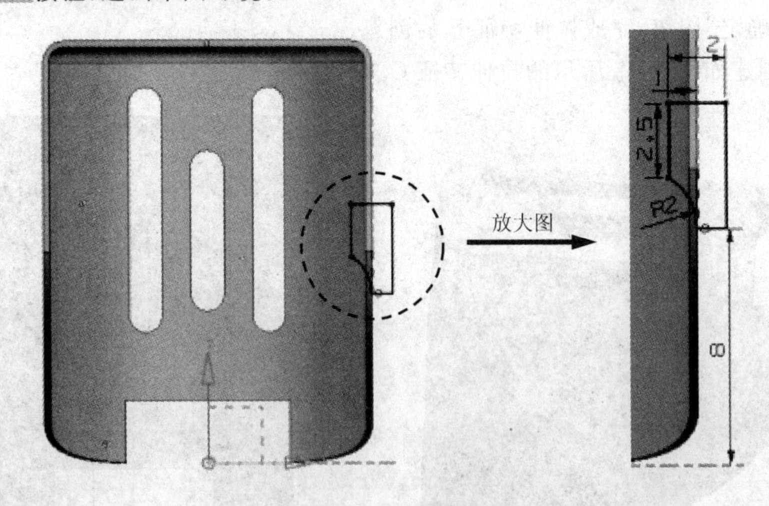

图 9.20 剖面草图

(3)定义拉伸属性:拉伸方向为 Y+,开始距离值为 4,结束距离值为 7,布尔运算选择“无”,其余选项默认。

(4)单击“确定”按钮,完成拉伸特征 D 的创建。

Step12:创建如图 9.21 所示的圆角特征 B。

(1)选择“插入”→“细节特征”→“边倒圆”命令(或单击工具栏按钮),弹出“边倒圆”对话框。

(2)选择倒圆边:选取如图 9.22 所示的边线为倒圆边,并输入倒圆半径值为 1.5。

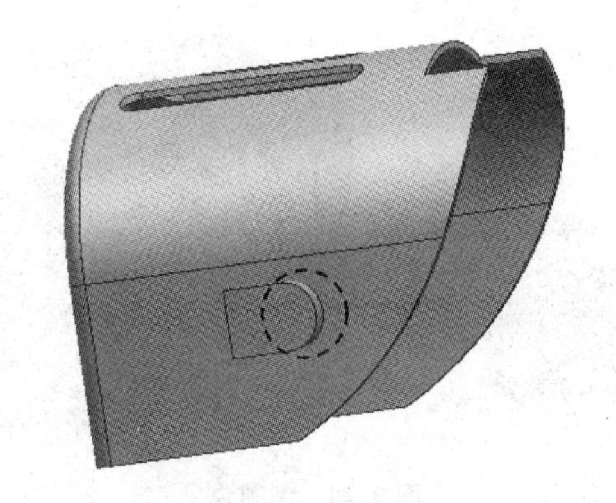

图 9.21　圆角特征 B

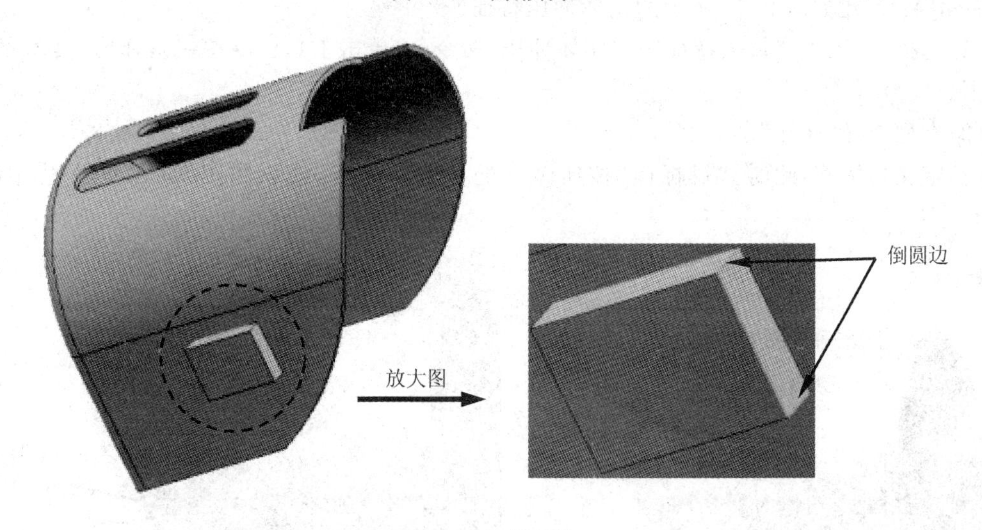

图 9.22　倒圆边

(3)单击“确定”按钮,完成圆角特征 B 的创建。

Step13:创建如图 9.23 所示的圆角特征 C。

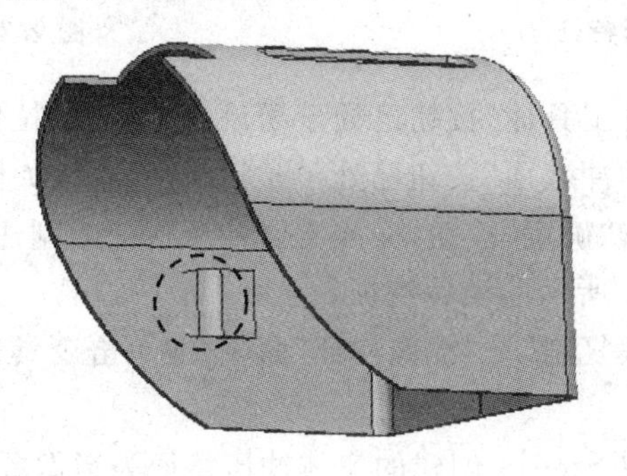

图 9.23　圆角特征 C

(1)选择“插入”→“细节特征”→“边倒圆”命令(或单击工具栏按钮),弹出“边倒圆”对话框。

(2)选择倒圆边:选取如图 9.24 所示的边线为倒圆边,并输入倒圆半径值为 1.5。

(3)单击“确定”按钮,完成圆角特征 C 的创建。

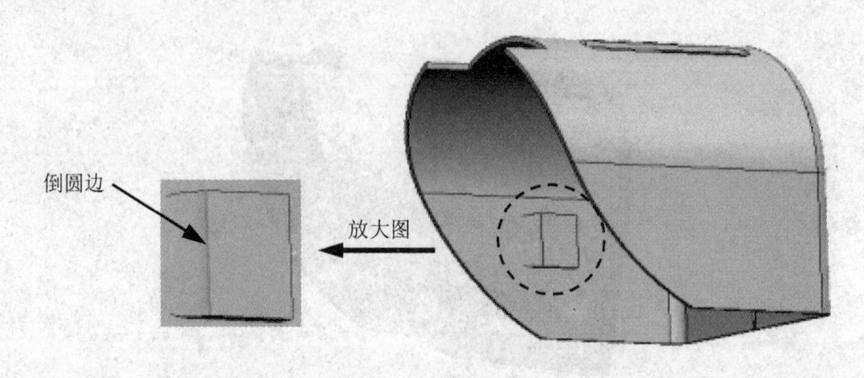

图 9.24　倒圆边

Step14：创建如图 9.25 所示的实体冲压特征。

(1)选择“插入”→“钣金特征”→“实体冲压”命令(或单击工具栏按钮)，弹出“实体冲压”对话框。

(2)类型选择“冲孔”。

(3)定义目标面：此时，“目标面”按钮已处于激活状态，选取如图 9.26 所示的面为目标面。

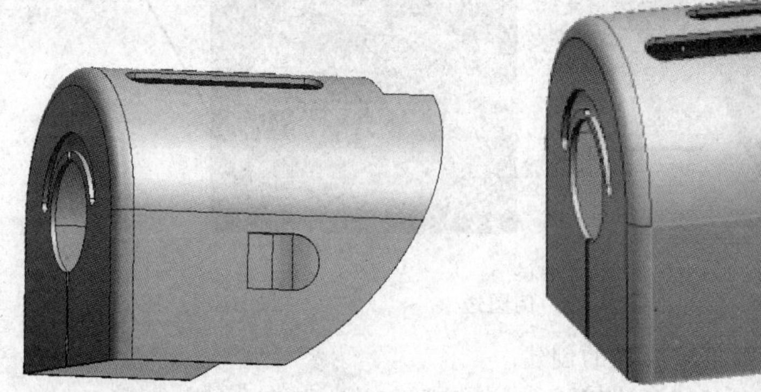

图 9.25　实体冲压特征

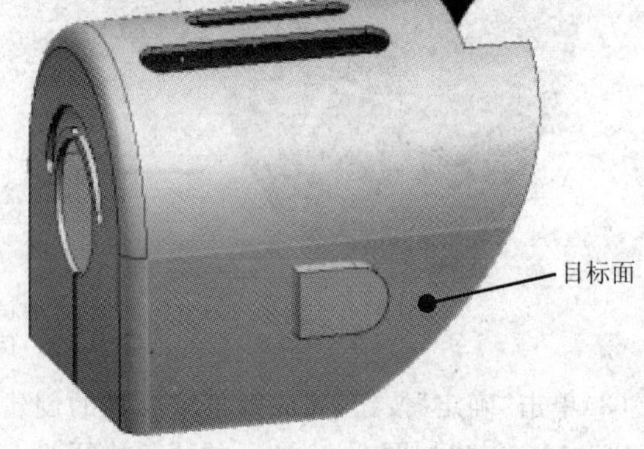

图 9.26　目标面

(4)定义工具体：此时，“工具体”按钮已处于激活状态，选取拉伸特征 D 为工具面。

(5)定义冲裁面：此时，“冲裁面”按钮已处于激活状态，选取如图 9.27 所示的面为冲裁面。

(6)其他选项默认，单击“确定”按钮，完成实体冲压特征的创建。

Step15：创建如图 9.28 所示的镜像特征。

(1)选择“插入”→“关联复制”→“镜像特征”命令(或单击工具栏按钮)，弹出“镜像特征”对话框。

(2)选择镜像对象：选取 Step14 创建的实体冲压特征为镜像源特征，如图 9.28 所示，并单击鼠标中键确定。

(3)定义镜像平面：选取 YC-ZC 基准平面为镜像平面。

(4)单击“确定”按钮，完成镜像特征的创建。

Step16：保存零件模型。

选择“文件”→“保存”命令(或直接单击工具栏按钮)，完成零件模型的保存。

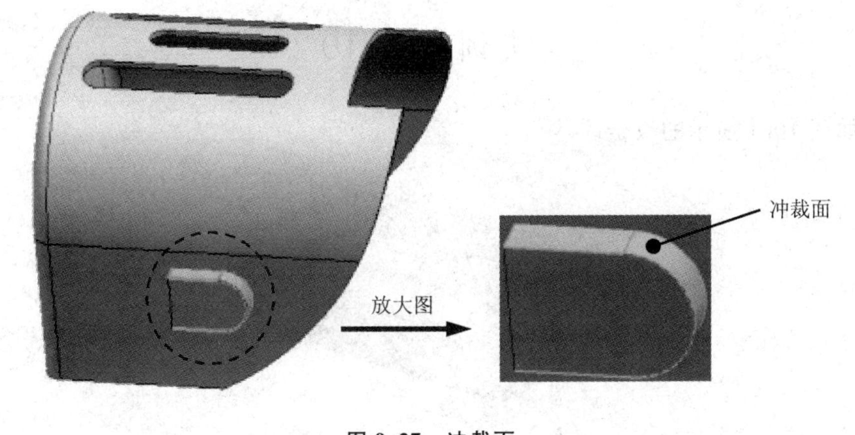

图 9.27　冲裁面

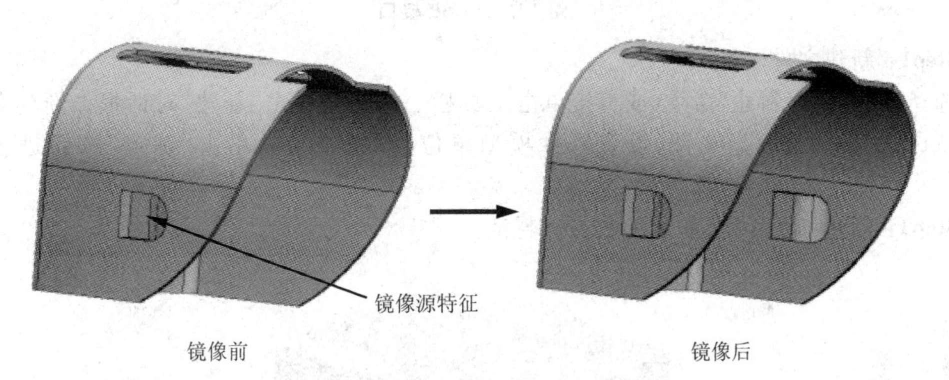

图 9.28　镜像特征

实训项目 10

完成如图 10.1 所示的钣金体。

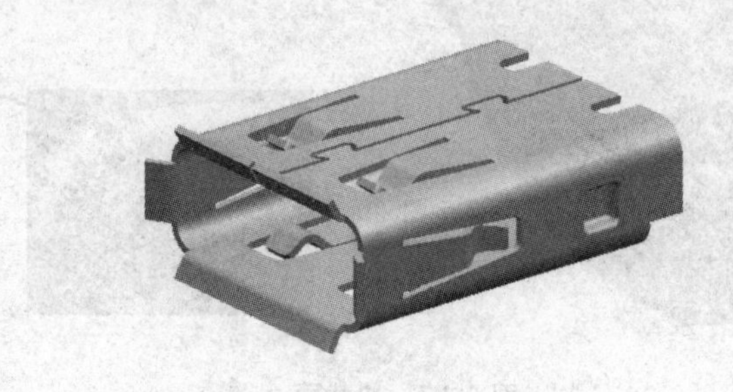

图 10.1 USB 接口

Step1：新建文件。

选择"文件"→"新建"命令(或直接单击工具栏按钮)，弹出"新建"对话框。新建名称为"project-10. Prt."的模型文件，设置零件模型单位为"毫米"，并单击"确定"按钮进入建模环境。

Step2：创建如图 10.2 所示的长方体特征。

图 10.2 长方体特征

(1)选择"插入"→"设计特征"→"长方体"命令(或直接单击工具栏按钮)，弹出"长方体"对话框。

(2)定义参数：类型选择"原点和边长"，原点坐标设为(-15、0、0)，长度为 30，宽度为 40，高度为 12，其余选项默认。

(3)单击"确定"按钮，完成长方体特征的创建。

Step3：创建如图 10.3 所示的圆角特征 。

(1)选择"插入"→"细节特征"→"边倒圆"命令(或单击工具栏按钮)，弹出"边倒圆"对话框。

(2)选择倒圆边：先选取如图 10.4 所示的倒圆边，倒圆半径值为 3。

(3)单击"确定"按钮，完成圆角特征的创建。

Step4：创建如图 10.5 所示的抽壳特征。

(1)选择"插入"→"偏置/缩放"→"抽壳"命令(或单击工具栏按钮)，弹出"壳单元"对话框。

(2)定义抽壳类型为"移出面，然后抽壳"。

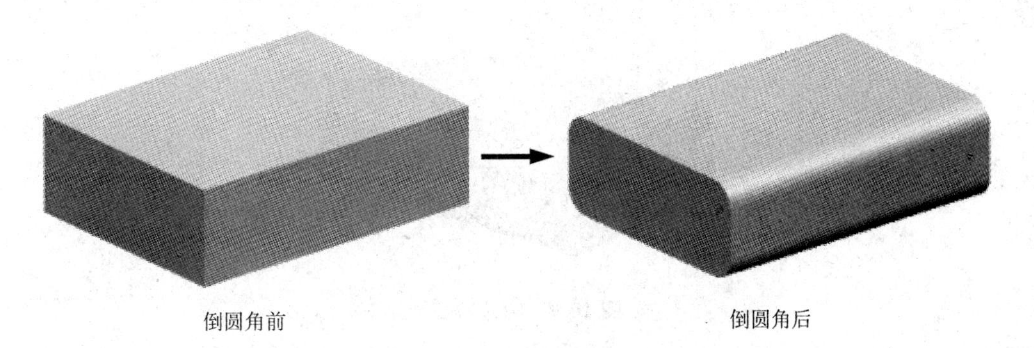

图 10.3 圆角特征

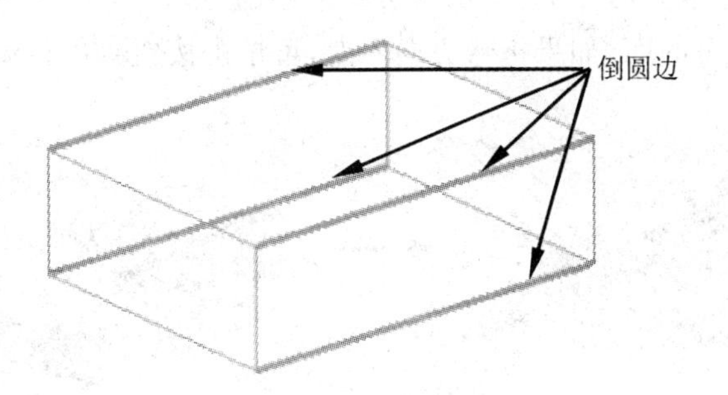

图 10.4 倒圆边

图 10.5 抽壳特征

(3)选取移出面,如图 10.6 所示。

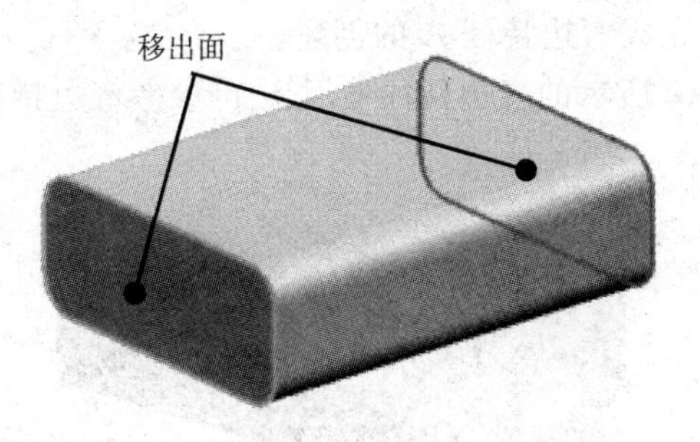

图 10.6 移出面

(4)输入厚度值为 0.8,单击“确定”按钮,完成抽壳特征的创建。

Step5:创建如图 10.7 所示的弯边特征 A。

(1)选择“插入”→“钣金特征”→“弯边”命令(或直接单击工具栏按钮),弹出“弯边”对

图 10.7 弯边特征 A

话框。

(2)定义折弯边:选取如图 10.8 所示的实体边缘为折弯边,单击“相邻面”按钮,将折弯面调整为如图 10.9 所示的面,如果折弯方向不对,可单击按钮进行调整。

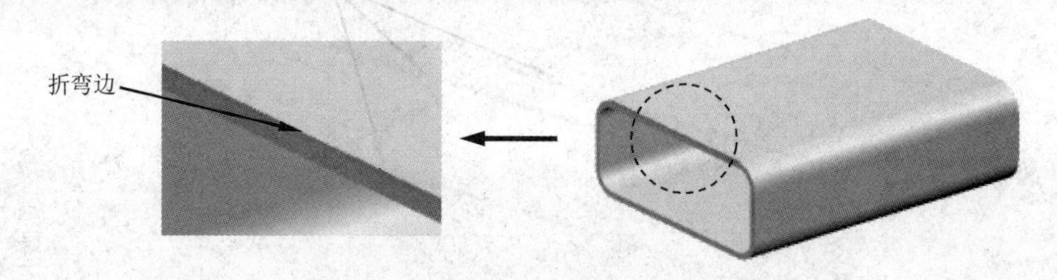

图 10.8 折弯边

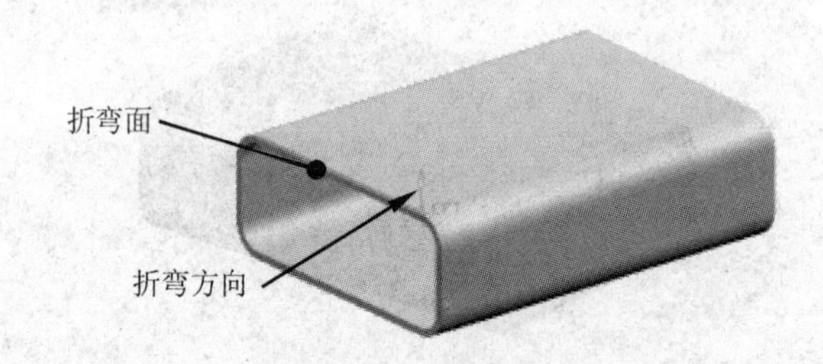

图 10.9 折弯面

(3)输入弯边参数:相切长度为 2,折弯角为 60 度,内半径为 0.5,其余选项默认。

(4)单击“确定”按钮,完成弯边特征 A 的创建。

Step6:创建如图 10.10 所示的弯边特征 B,方法可参考弯边特征 A 的创建。

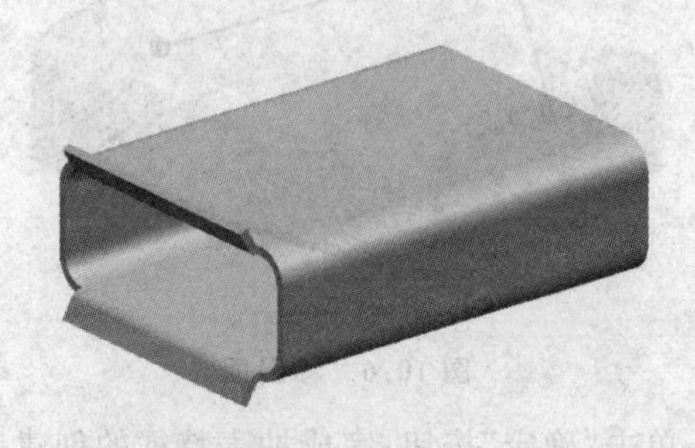

图 10.10 弯边特征 B

Step7:创建如图 10.11 所示的弯边特征 C。

图 10.11　弯边特征 C

(1)选择“插入”→“钣金特征”→“弯边”命令(或直接单击工具栏按钮),弹出“弯边”对话框。

(2)定义折弯边:选取如图 10.12 所示的实体边缘为折弯边,单击“相邻面”按钮,将折弯面调整为如图 10.13 所示的面,如果折弯方向不对,可单击按钮进行调整。

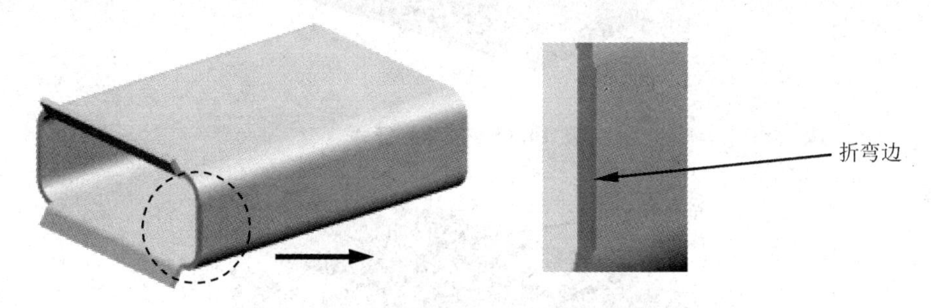

图 10.12　折弯边

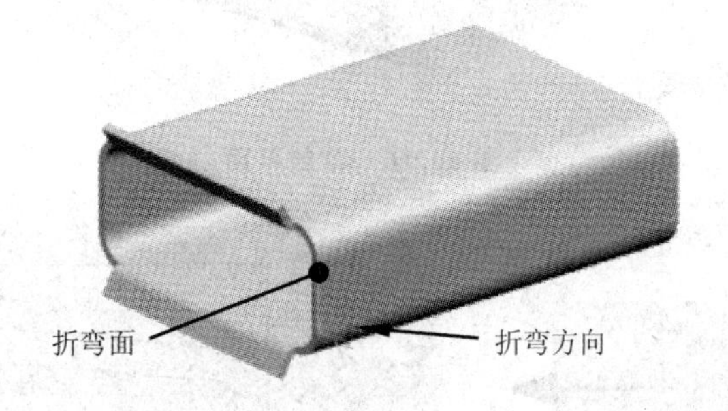

图 10.13　折弯面

(3)输入弯边参数:相切长度为 2,折弯角为 60 度,内半径为 0.5,其余选项默认。

(4)单击“确定”按钮,完成弯边特征 C 的创建。

Step8:创建如图 10.14 所示的弯边特征 D,方法可参考弯边特征 C 的创建。

Step9:创建如图 10.15 所示的拉伸特征 A。

(1)选择“插入”→“设计特征”→“拉伸”命令(或直接单击工具栏按钮),弹出“拉伸”对话框。

(2)定义拉伸剖面:单击“拉伸”对话框中的“绘制截面”按钮,弹出“创建草图”对话框。选取如图 10.16 所示的实体表面为草绘平面,单击“确定”按钮,进入草绘环境,绘制如图 10.17 所示的草图。绘制完成后,直接单击完成草图按钮,退出草图环境。

图 10.14　弯边特征 D

图 10.15　拉伸特征 A

图 10.16　草绘平面

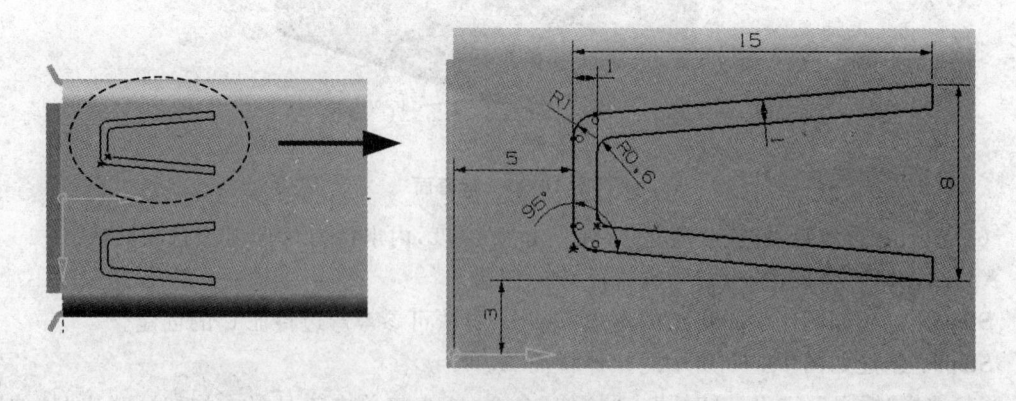

图 10.17　剖面草图

(3)定义拉伸属性:通过单击按钮⊠,将拉伸方向调整为指向实体内部,拉伸开始值为 0,结束选项为“贯通”,布尔运算选择“求差”,其余选项默认。

(4)单击“确定”按钮,完成拉伸特征 A 的创建。

Step10：创建如图 10.18 所示的拉伸特征 B。

图 10.18　拉伸特征 B

(1)选择“插入”→“设计特征”→“拉伸”命令(或直接单击工具栏按钮)，弹出“拉伸”对话框。

(2)定义拉伸剖面：单击“拉伸”对话框中的“绘制截面”按钮，弹出“创建草图”对话框。选取如图 10.19 所示的实体表面为草绘平面，单击“确定”按钮，进入草绘环境，绘制如图 10.20 所示的草图。绘制完成后，直接单击按钮 完成草图，退出草图环境。

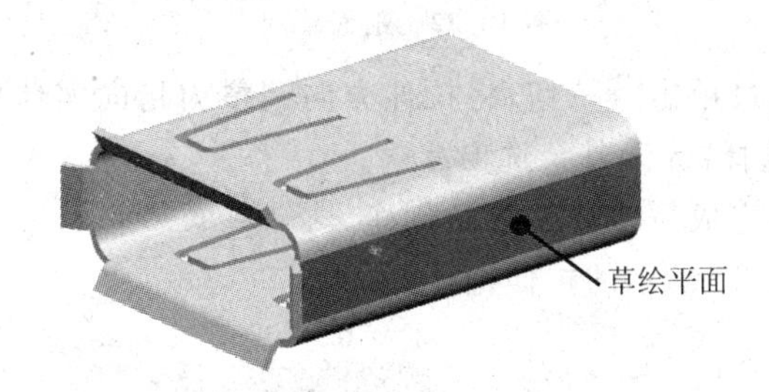

图 10.19　草绘平面

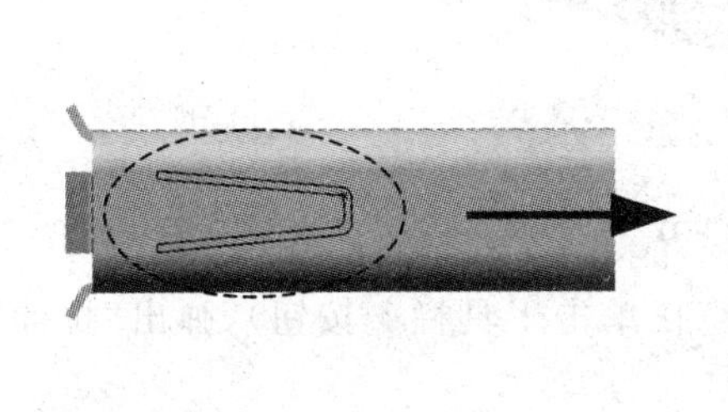

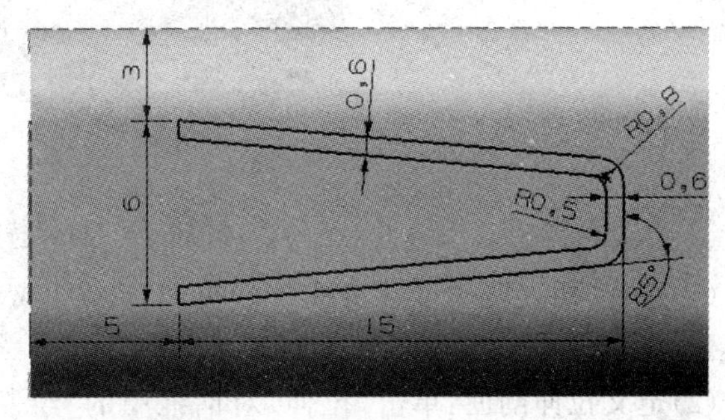

图 10.20　剖面草图

(3)定义拉伸属性：通过单击按钮，将拉伸方向调整为指向实体内部，拉伸开始值为 0，结束选项为“贯通”，布尔运算选择“求差”，其余选项默认。

(4)单击“确定”按钮，完成拉伸特征 B 的创建。

Step11：创建如图 10.21 所示的拉伸特征 C。

(1)选择“插入”→“设计特征”→“拉伸”命令(或直接单击工具栏按钮)，弹出“拉伸”对话框。

(2)定义拉伸剖面：单击“拉伸”对话框中的“绘制截面”按钮，弹出“创建草图”对话

图 10.21　拉伸特征 C

框。选取如图 10.19 所示的实体表面为草绘平面，单击“确定”按钮，进入草绘环境，绘制如图 10.22 所示的草图。绘制完成后，直接单击 完成草图 按钮，退出草图环境。

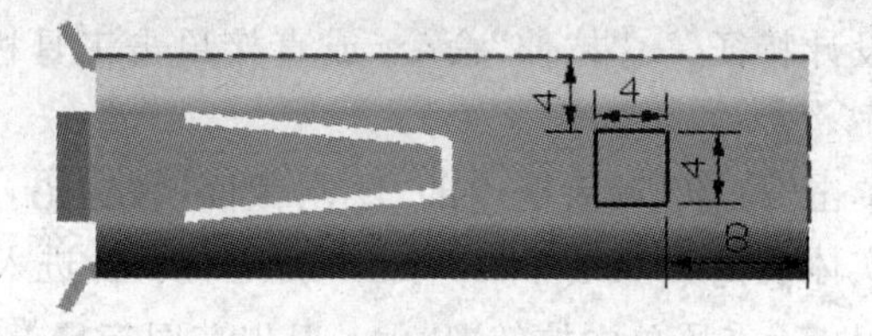

图 10.22　剖面草图

(3)定义拉伸属性：通过单击按钮，将拉伸方向调整为指向实体内部，拉伸开始值为 0，结束值为 1.6，布尔运算选择“无”，其余选项默认。

(4)单击“确定”按钮，完成拉伸特征 C 的创建。

Step12：创建如图 10.23 所示的拉伸特征 D。

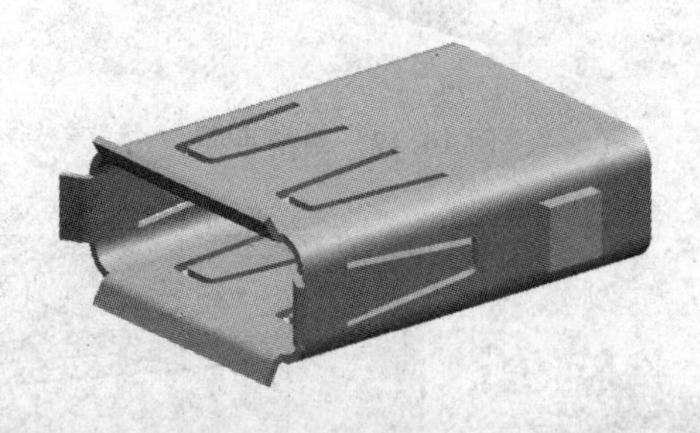

图 10.23　拉伸特征 D

(1)选择“插入”→“设计特征”→“拉伸”命令(或直接单击工具栏按钮)，弹出“拉伸”对话框。

(2)定义拉伸剖面：单击“拉伸”对话框中的“绘制截面”按钮，弹出“创建草图”对话框。选取如图 10.19 所示的实体表面为草绘平面，单击“确定”按钮，进入草绘环境，绘制如图 10.24 所示的草图。绘制完成后，直接单击按钮 完成草图，退出草图环境。

(3)定义拉伸属性：拉伸方向为系统默认方向，拉伸开始值为 0，结束值为 1.6，布尔运算选择与拉伸特征 C 进行“求和”，其余选项默认。

(4)单击“确定”按钮，完成拉伸特征 D 的创建。

Step13：创建如图 10.25 所示的圆角特征 A。

(1)选择“插入”→“细节特征”→“边倒圆”命令(或单击工具栏按钮)，弹出“边倒圆”对话框。

(2)选择倒圆边：选取如图 10.26 所示的倒圆边，倒圆半径值为 0.5。

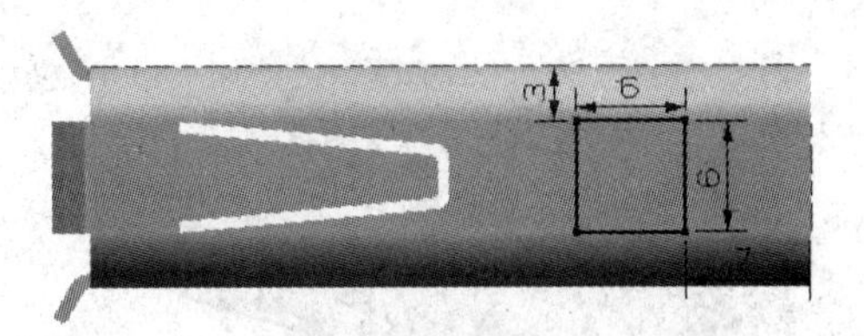

图 10.24　剖面草图

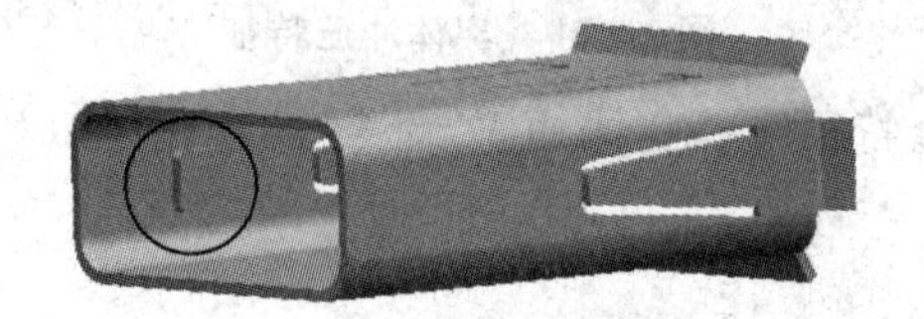

图 10.25　圆角特征 A

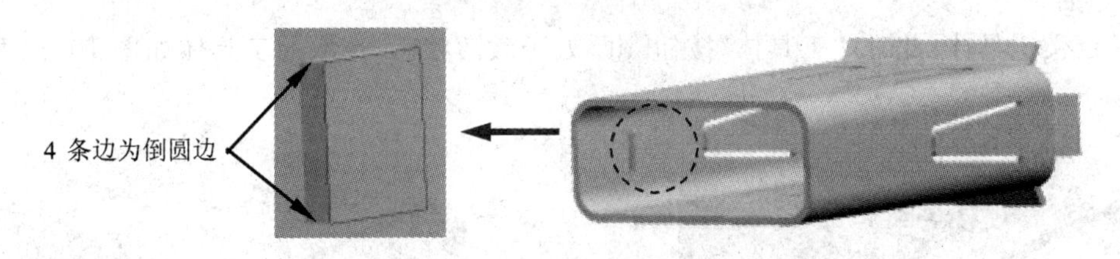

图 10.26　倒圆边

(3)单击“确定”按钮,完成圆角特征 A 的创建。

Step14：创建如图 10.27 所示的圆角特征 B。

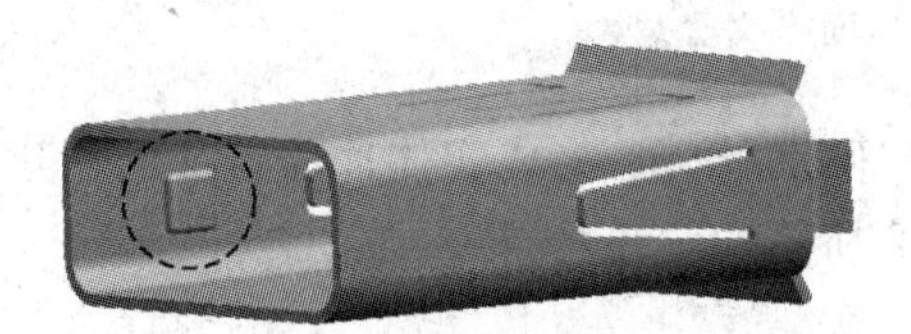

图 10.27　圆角特征 B

(1)选择“插入”→“细节特征”→“边倒圆”命令(或单击工具栏按钮),弹出“边倒圆”对话框。

(2)选择倒圆边:选取如图 10.28 所示的倒圆边,倒圆半径值为 0.5。

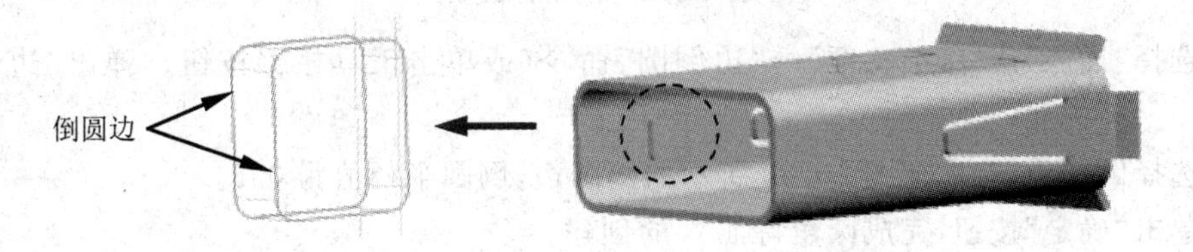

图 10.28　倒圆边

(3)单击“确定”按钮,完成圆角特征 B 的创建。

Step15：创建如图 10.29 所示的实体冲压特征。

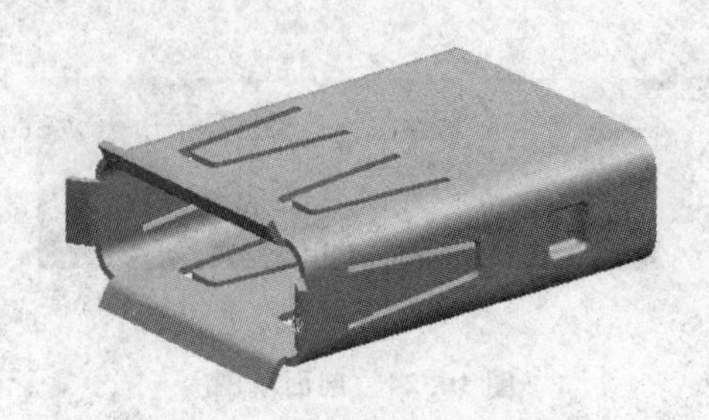

图 10.29 实体冲压特征

(1)选择“插入”→“钣金特征”→“实体冲压”命令(或单击工具栏按钮),弹出“实体冲压”对话框。

(2)类型选择“冲孔”。

(3)定义目标面:此时,“目标面”按钮已处于激活状态,选取如图 10.30 所示的面为目标面。

(4)定义工具体:此时,“工具体”按钮已处于激活状态,选取的工具体如图 10.31 所示。

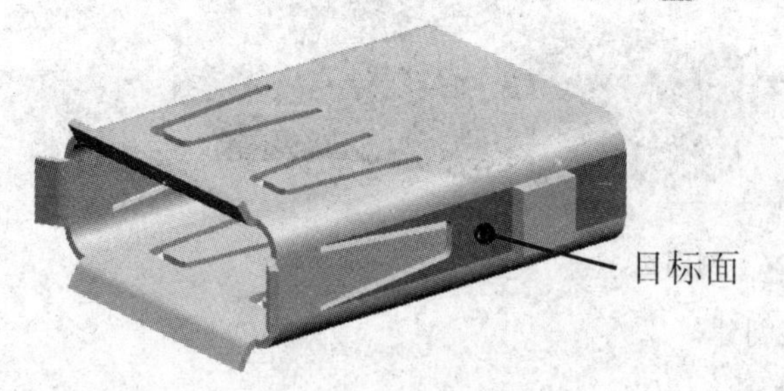

图 10.30 目标面

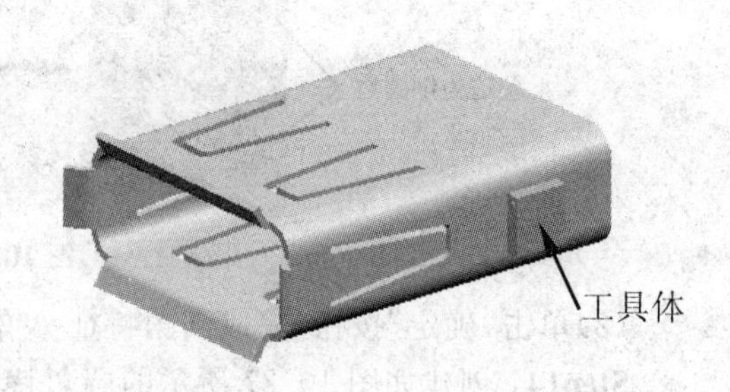

图 10.31 工具体

(5)其他选项默认,单击“确定”按钮,完成实体冲压特征的创建。

Step16:创建如图 10.32 所示的圆角特征 C。

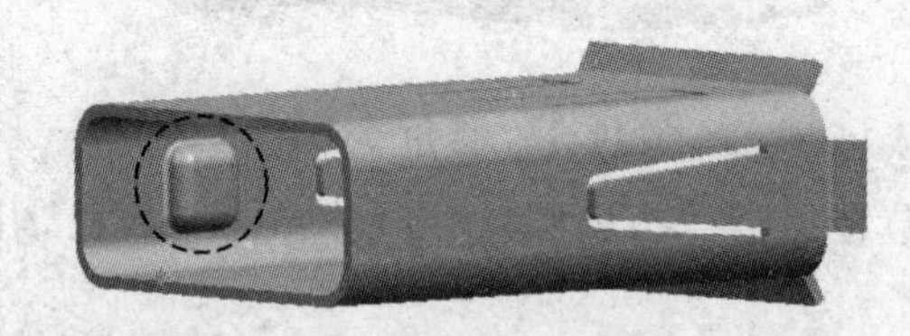

图 10.32 圆角特征 C

(1)选择“插入”→“细节特征”→“边倒圆”命令(或单击工具栏按钮),弹出“边倒圆”对话框。

(2)选择倒圆边:选取如图 10.33 所示的倒圆边,倒圆半径值为 0.3。

(3)单击“确定”按钮,完成圆角特征 C 的创建。

Step17:创建如图 10.34 所示的镜像特征。

(1)选择“插入”→“关联复制”→“镜像特征”命令(或单击工具栏按钮),弹出“镜像特征”对话框。

(2)选择镜像对象:选取 Step15 所创建的实体冲压特征和 Step16 所创建的圆角特征 C 为

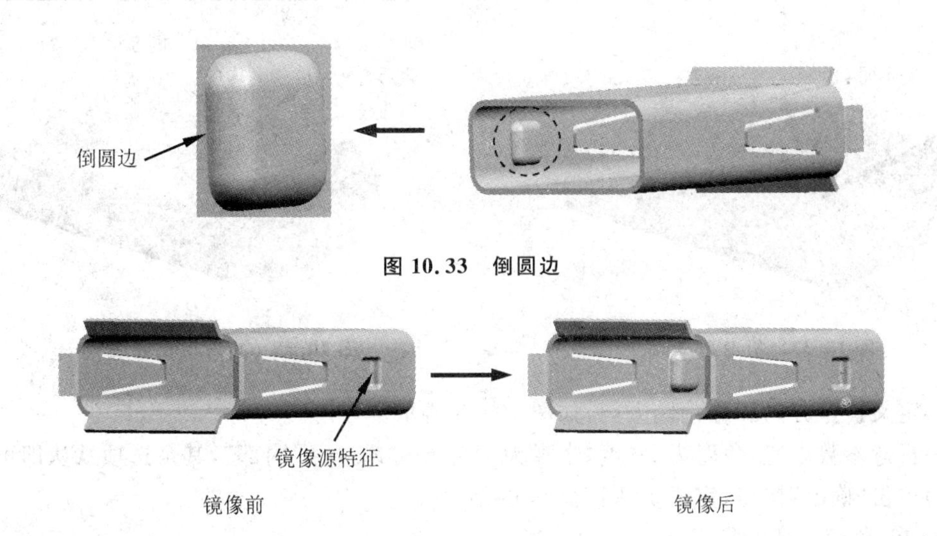

图 10.33　倒圆边

图 10.34　镜像特征

镜像源特征，如图 10.34 所示，并单击鼠标中键确定。

(3)定义镜像平面：选取 YC-ZC 基准平面为镜像平面。

(4)单击“确定”按钮，完成镜像特征的创建。

Step18：创建如图 10.35 所示的草图曲线 A，作为后续折弯特征的应用曲线。

选择“插入”→“草图”命令（或单击工具栏按钮），弹出“创建草图”对话框。选取如图 10.36 所示的平面作为草绘平面，进入草绘环境，绘制如图 10.35 所示的草图。绘制完成后，直接单击完成草图按钮，完成草图绘制。

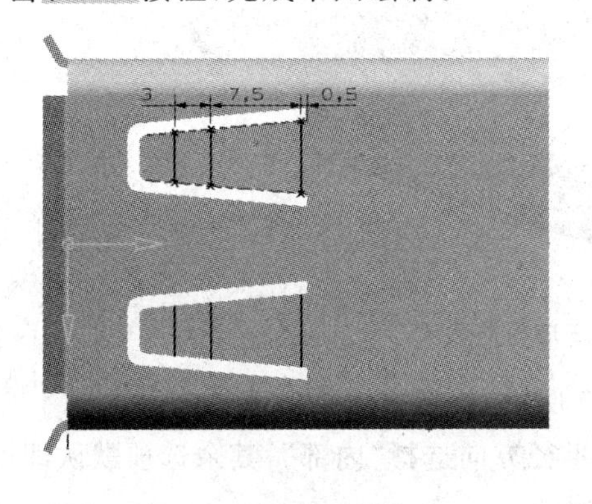

图 10.35　草图曲线 A

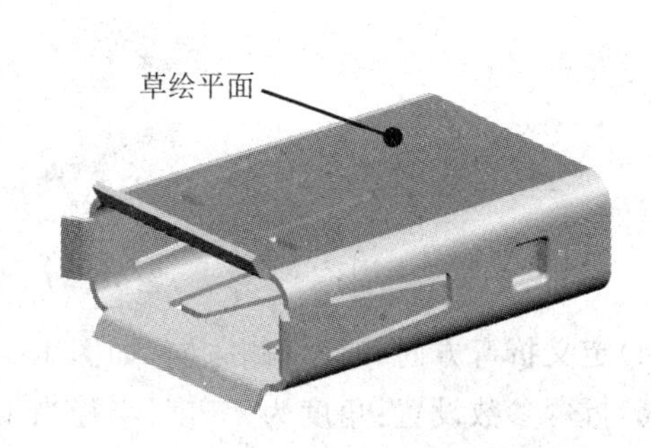

图 10.36　草绘平面

Step19：创建折弯特征 A。

(1)选择“插入”→“钣金特征”→“折弯”命令（或直接单击工具栏按钮），弹出“折弯”对话框。

(2)定义折弯基本面：此时“基本面”按钮处于激活状态，选取如图 10.37 所示的模型表面为折弯基本面，并单击鼠标中键确认。

(3)定义折弯应用曲线：此时“应用曲线”按钮处于激活状态，选取如图 10.38 所示的草图曲线作为折弯应用曲线，并单击鼠标中键确认。

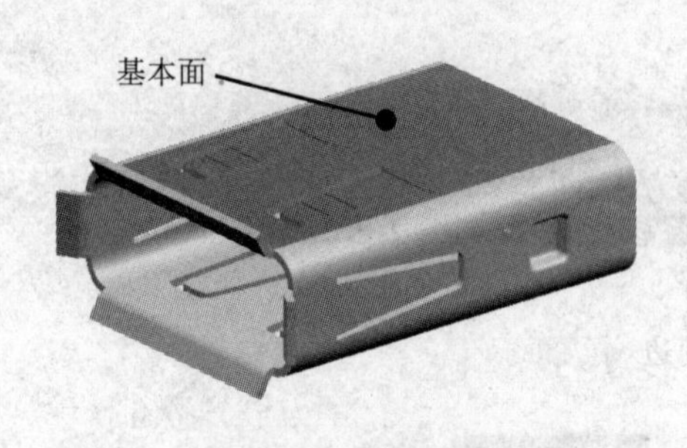

图 10.37　折弯基本面

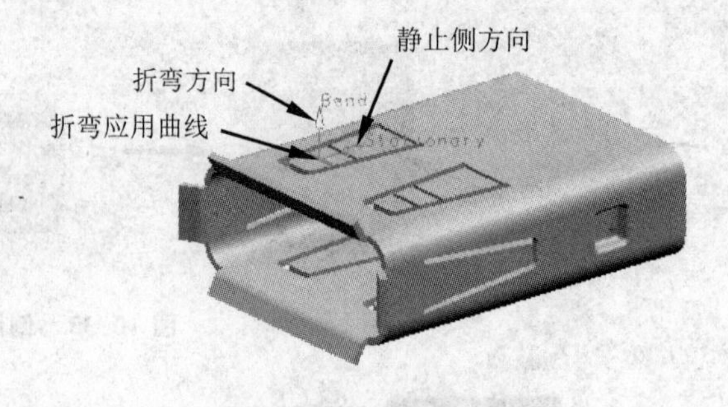

图 10.38　折弯应用曲线

(4)定义折弯方向和静止侧方向,如图 10.38 所示。

(5)折弯参数设置:角度为 80 度,半径为 1,半径方向选择“内部”,其余选项默认即可。

(6)单击“确定”按钮,完成折弯特征 A 的创建。

Step20:创建折弯特征 B。

(1)选择“插入”→“钣金特征”→“折弯”命令(或直接单击工具栏按钮),弹出“折弯”对话框。

(2)定义折弯基本面:此时“基本面”按钮处于激活状态,选取如图 10.37 所示的模型表面为折弯基本面,并单击鼠标中键确认。

(3)定义折弯应用曲线:此时“应用曲线”按钮处于激活状态,选取如图 10.39 所示的草图曲线作为折弯应用曲线,并单击鼠标中键确认。

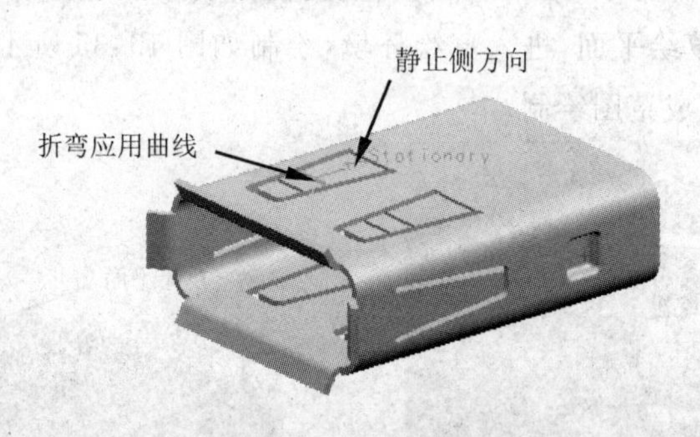

图 10.39　折弯应用曲线

(4)定义折弯方向和静止侧方向,如图 10.39 所示,折弯方向指向实体内部。

(5)折弯参数设置:角度为 45 度,半径为 1,半径方向选择“内部”,其余选项默认即可。

(6)单击“确定”按钮,完成折弯特征 B 的创建。

Step21:创建折弯特征 C。

(1)选择“插入”→“钣金特征”→“折弯”命令(或直接单击工具栏按钮),弹出“折弯”对话框。

(2)定义折弯基本面:此时“基本面”按钮处于激活状态,选取如图 10.37 所示的模型表面为折弯基本面,并单击鼠标中键确认。

(3)定义折弯应用曲线:此时“应用曲线”按钮处于激活状态,选取如图 10.40 所示的草图曲线作为折弯应用曲线,并单击鼠标中键确认。

(4)定义折弯方向和静止侧方向,如图 10.40 所示,折弯方向指向实体内部。

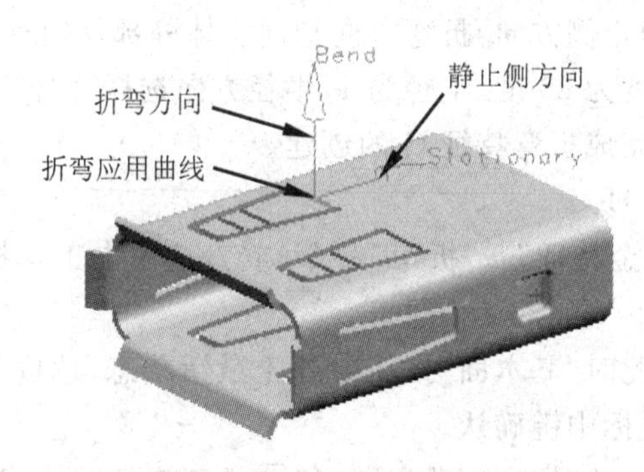

图 10.40　折弯应用曲线

(5)折弯参数设置:角度为 3 度,半径为 1,半径方向选择“外部”,其余选项默认即可。

(6)单击“确定”按钮,完成折弯特征 C 的创建。

Step22:创建折弯特征 D、E、F,方法同折弯特征 A、B、C 的创建。

Step23:重复 Step18～Step22,在图 10.37 所示表面的对面也创建 6 个类似的折弯特征。

Step24:创建如图 10.41 所示的草图曲线 B,作为后续折弯特征的应用曲线。

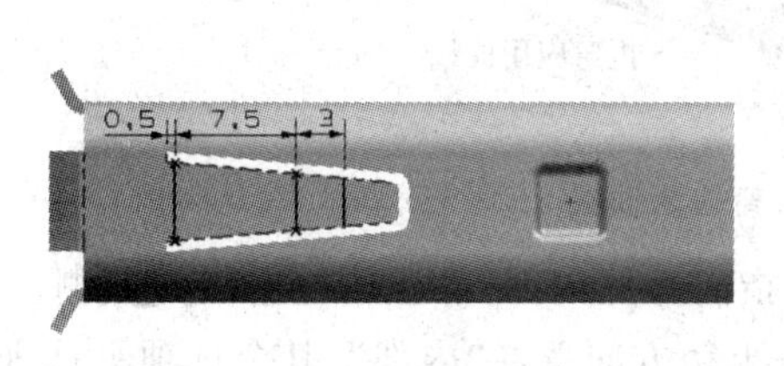

图 10.41　草图曲线 B

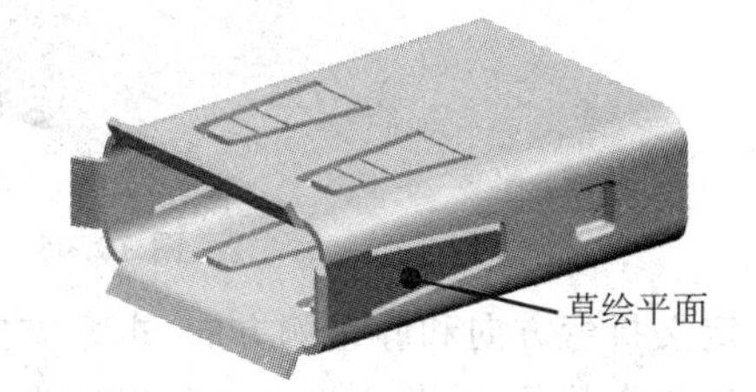

图 10.42　草绘平面

选择“插入”→“草图”命令(或单击工具栏按钮),弹出“创建草图”对话框。选取如图 10.42 所示的平面作为草绘平面,进入草绘环境,绘制如图 10.41 所示的草图。绘制完成后,直接单击完成草图按钮,完成草图绘制。

Step25:创建折弯特征 G。

(1)选择“插入”→ “钣金特征”→“折弯”命令(或直接单击工具栏按钮),弹出“折弯”对话框。

(2)定义折弯基本面:此时“基本面”按钮处于激活状态,选取如图 10.43 所示的模型表面为折弯基本面,并单击鼠标中键确认。

(3)定义折弯应用曲线:此时“应用曲线”按钮处于激活状态,选取如图 10.44 所示的草图曲线作为折弯应用曲线,并单击鼠标中键确认。

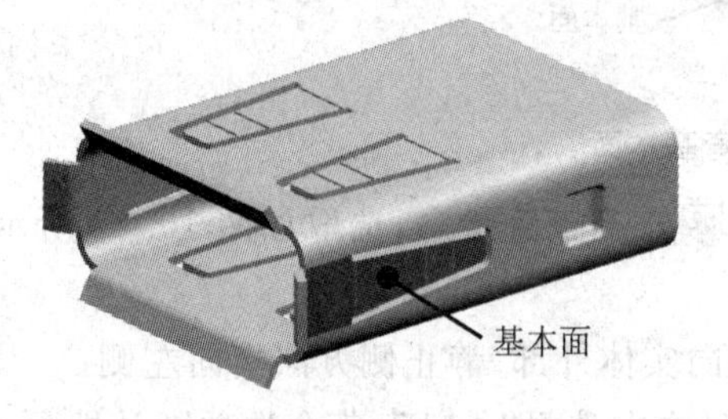

图 10.43　折弯基本面

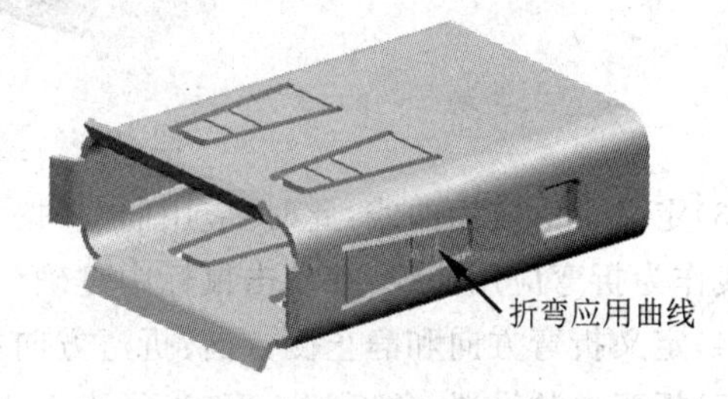

图 10.44　折弯应用曲线

(4)定义折弯方向和静止侧方向:折弯方向指向实体外部,静止侧方向指向左侧。

(5)折弯参数设置:角度为 80 度,半径为 1,半径方向选择“内部”,其余选项默认即可。

(6)单击“确定”按钮,完成折弯特征 G 的创建。

Step26:创建折弯特征 H。

(1)选择“插入”→ “钣金特征”→“折弯”命令(或直接单击工具栏按钮),弹出“折弯”对话框。

(2)定义折弯基本面:此时“基本面”按钮处于激活状态,选取如图 10.43 所示的模型表面为折弯基本面,并单击鼠标中键确认。

(3)定义折弯应用曲线:此时“应用曲线”按钮处于激活状态,选取如图 10.45 所示的草图曲线作为折弯应用曲线,并单击鼠标中键确认。

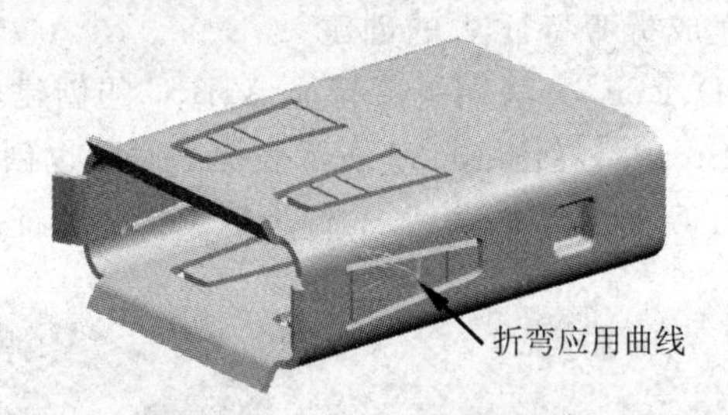

图 10.45　折弯应用曲线

(4)定义折弯方向和静止侧方向:折弯方向指向实体内部,静止侧方向指向左侧。

(5)折弯参数设置:角度为 45 度,半径为 1,半径方向选择“内部”,其余选项默认即可。

(6)单击“确定”按钮,完成折弯特征 H 的创建。

Step27:创建折弯特征 **I**。

(1)选择“插入”→ “钣金特征”→“折弯”命令(或直接单击工具栏按钮),弹出“折弯”对话框。

(2)定义折弯基本面:此时“基本面”按钮处于激活状态,选取如图 10.46 所示的模型表面为折弯基本面,并单击鼠标中键确认。

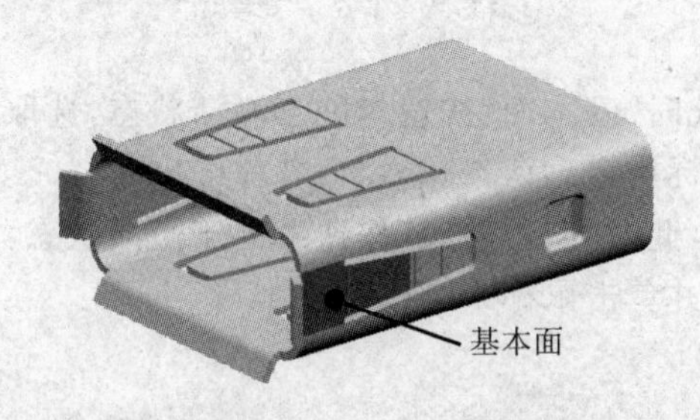

图 10.46　折弯基本面

(3)定义折弯应用曲线:此时“应用曲线”按钮处于激活状态,选取如图 10.47 所示的草图曲线作为折弯应用曲线,并单击鼠标中键确认。

(4)定义折弯方向和静止侧方向:折弯方向指向实体外部,静止侧方向指向左侧。

(5)折弯参数设置:角度为 3 度,半径为 1,半径方向选择“外部”,其余选项默认即可。

(6)单击“确定”按钮,完成折弯特征 I 的创建。

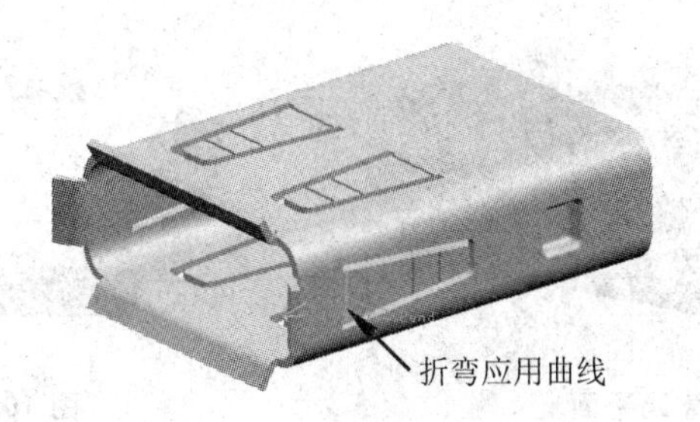

图 10.47　折弯应用曲线

Step28：重复 Step24～Step27，在图 10.42 所示表面的对面也创建 3 个类似的折弯特征。

Step29：成形所有的折弯特征。

(1)选择“插入”→“钣金特征”→“成形/展开”命令(或直接单击工具栏按钮)，弹出“成形/展开”对话框。

(2)单击“成形/展开”对话框中的“全部成形”按钮，将前面创建的折弯特征全部成形，如图 10.48 所示。

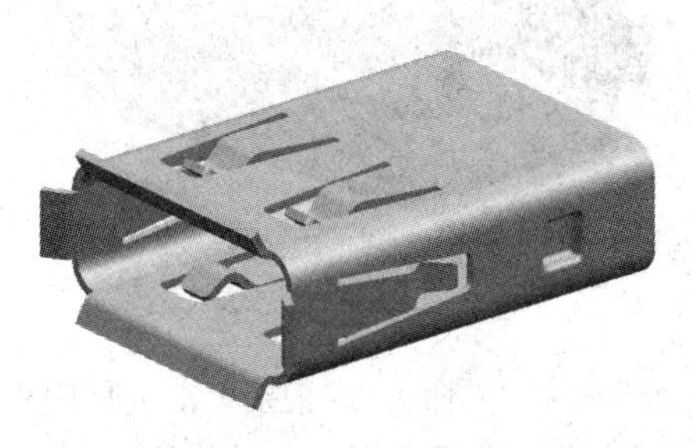

图 10.48　成形特征

(3)单击“成形/展开”对话框中的“取消”按钮，完成成形/展开特征的创建。

Step30：创建如图 10.49 所示的拉伸特征 E。

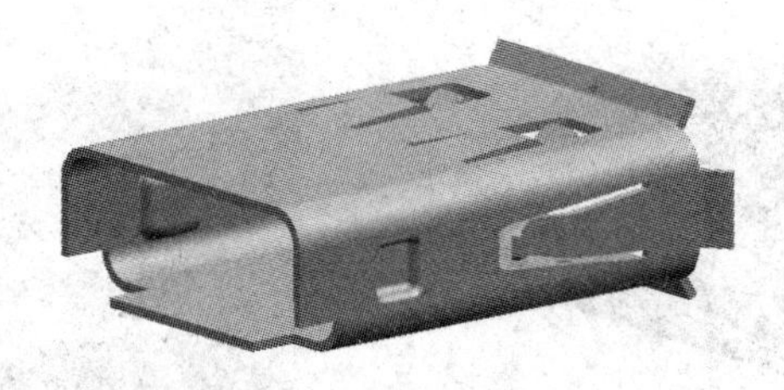

图 10.49　拉伸特征 E

(1)选择“插入”→“设计特征”→“拉伸”命令(或直接单击工具栏按钮)，弹出“拉伸”对话框。

(2)定义拉伸剖面：单击“拉伸”对话框中的“绘制截面”按钮，弹出“创建草图”对话框。选取如图 10.50 所示的实体表面为草绘平面，单击“确定”按钮，进入草绘环境，绘制如图 10.51 所示的草图。绘制完成后，直接单击按钮，退出草图环境。

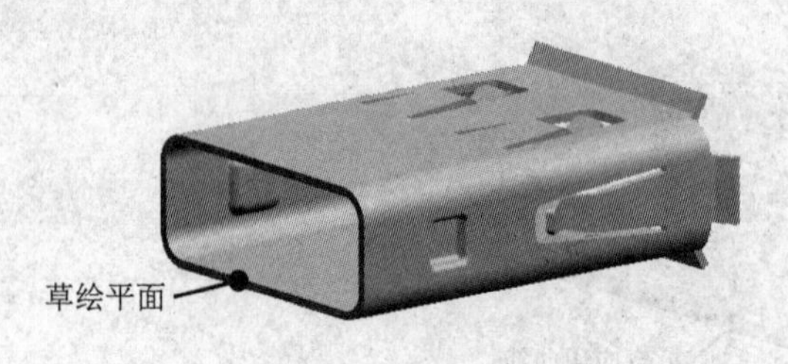

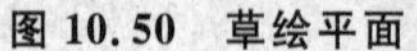
图 10.50　草绘平面

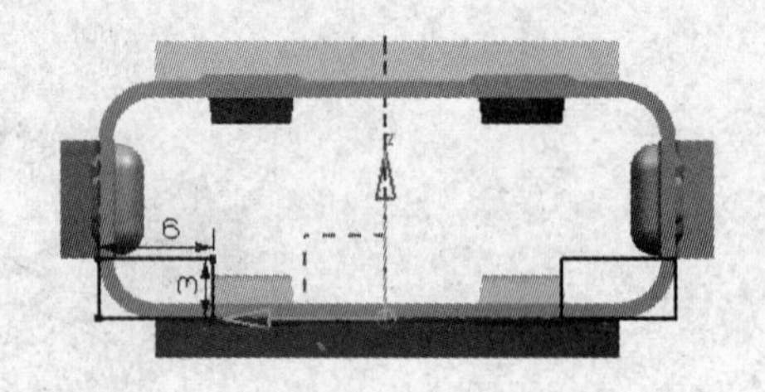

图 10.51　剖面草图

(3)定义拉伸属性:利用按钮将拉伸方向调整为指向实体内部,拉伸开始值为 0,结束值为 4,布尔运算选择“求差”,其余选项默认。

(4)单击“确定”按钮,完成拉伸特征 E 的创建。

Step31:创建如图 10.52 所示的拉伸特征 F。

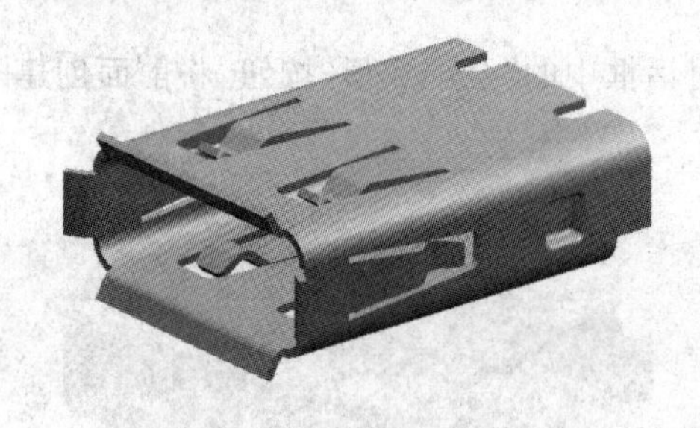
图 10.52　拉伸特征 F

(1)选择“插入”→“设计特征”→“拉伸”命令(或直接单击工具栏按钮),弹出“拉伸”对话框。

(2)定义拉伸剖面:单击“拉伸”对话框中的“绘制截面”按钮,弹出“创建草图”对话框。选取如图 10.53 所示的实体表面为草绘平面,单击“确定”按钮,进入草绘环境,绘制如图10.54 所示的草图。绘制完成后,直接单击完成草图按钮,退出草图环境。

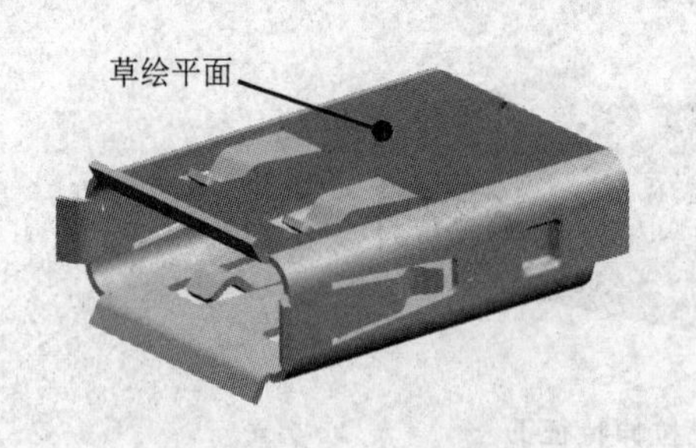

图 10.53　草绘平面

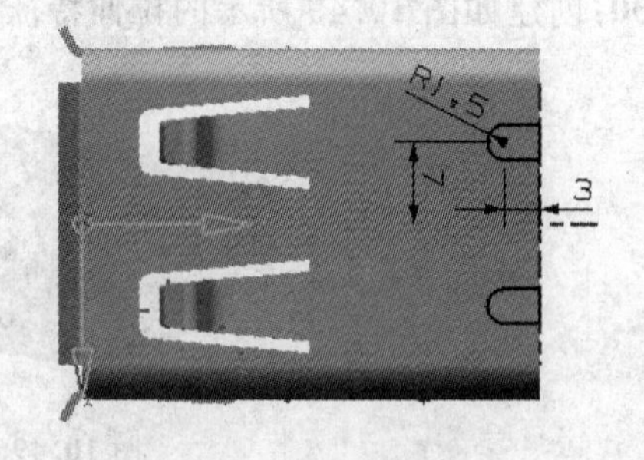

图 10.54　剖面草图

(3)定义拉伸属性:利用按钮将拉伸方向调整为指向实体内部,拉伸开始值为 0,结束选项选择“直至选定对象”,然后选取如图 10.55 所示的平面,布尔运算选择“求差”,其余选项默认。

(4)单击“确定”按钮,完成拉伸特征 F 的创建。

Step32:创建如图 10.56 所示的拉伸特征 G。

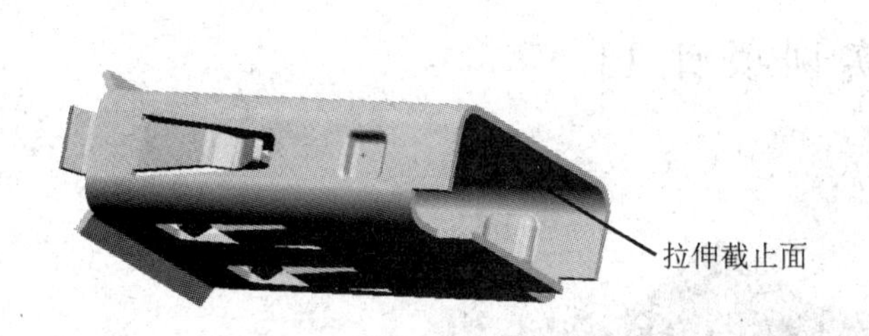

图 10.55　拉伸截止面

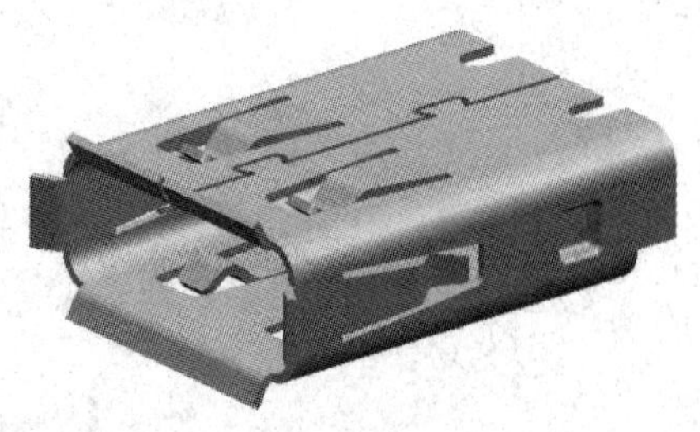

图 10.56　拉伸特征 G

(1)选择“插入”→“设计特征”→“拉伸”命令(或直接单击工具栏按钮),弹出“拉伸”对话框。

(2)定义拉伸剖面:单击“拉伸”对话框中的“绘制截面”按钮,弹出“创建草图”对话框。选取如图 10.57 所示的实体表面为草绘平面,单击“确定”按钮,进入草绘环境,绘制如图 10.58 示草图。绘制完成后,直接单击按钮,退出草图环境。

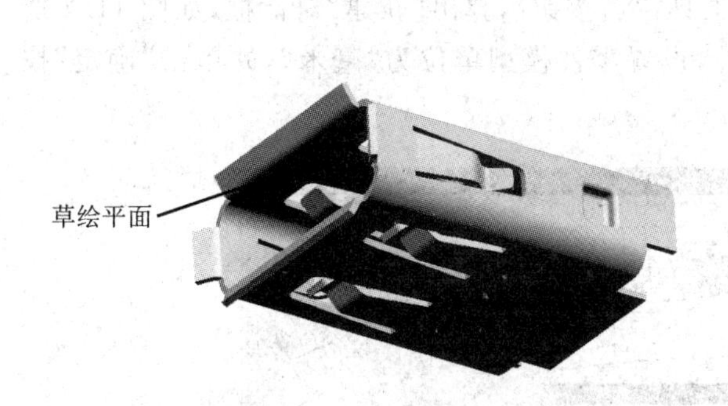

图 10.57　草绘平面

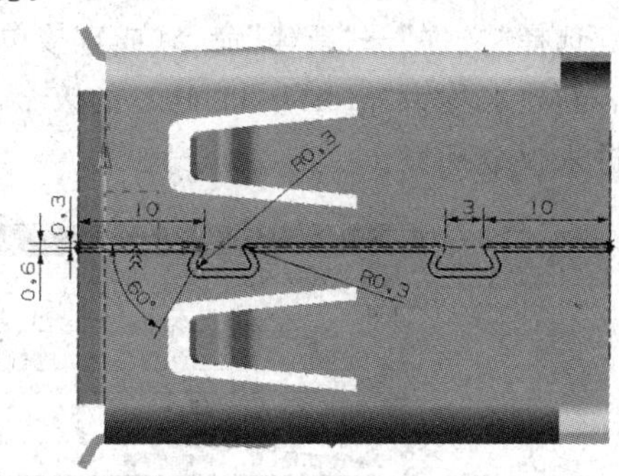

图 10.58　剖面草图

(3)定义拉伸属性:利用“延伸”按钮将拉伸方向调整为如图 10.59 所示的方向,拉伸开始值为 0,结束选项选择“贯通”,布尔运算选择“求差”,其余选项默认。

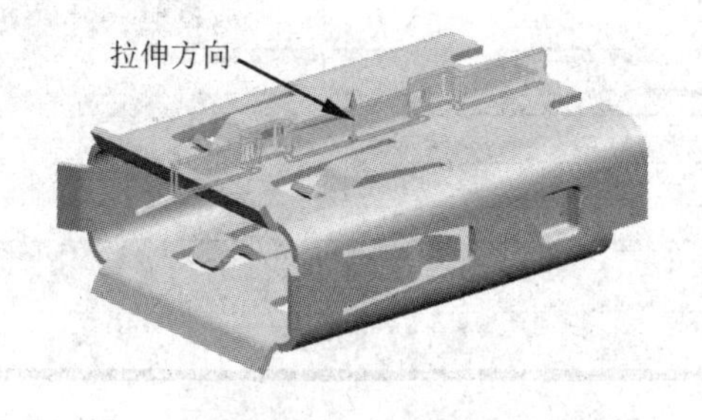

图 10.59　拉伸方向

(4)单击“确定”按钮,完成拉伸特征 G 的创建。

Step33:保存零件模型。

单击“文件”→“保存”命令(或直接单击工具栏按钮),完成零件模型的保存。

实训项目 11

完成如图 11.1 所示的钣金体。

图 11.1 钣金环

Step1：新建文件。

选择“文件”→“新建”命令(或直接单击工具栏按钮)，弹出“新建”对话框，如图 11.2 所示。新建名称为“project-11. Prt”的钣金文件，设置零件模型单位为“毫米”，并单击“确定”按钮进入钣金环境。

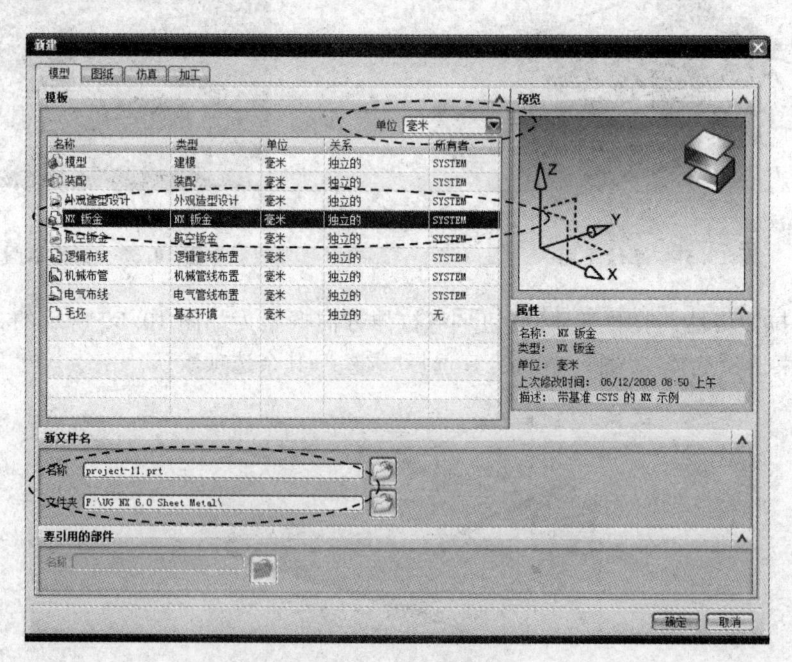

图 11.2 “新建”对话框

Step2：创建如图 11.3 所示的轮廓弯边特征 A 。

(1)选择“插入”→“折弯”→“轮廓弯边”命令(或直接单击工具栏按钮)，弹出“轮廓弯边”对话框，如图 11.4 所示。

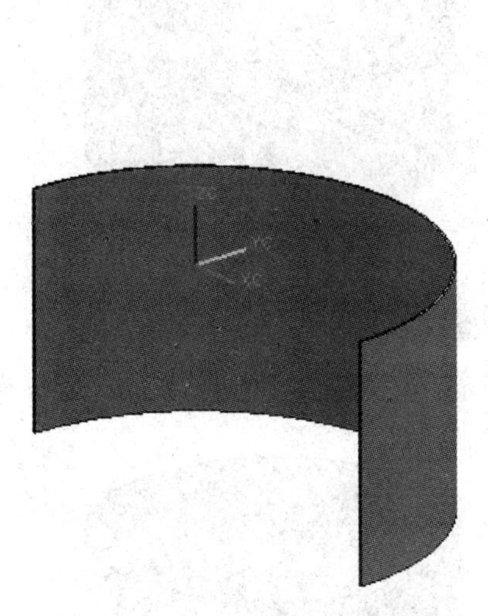

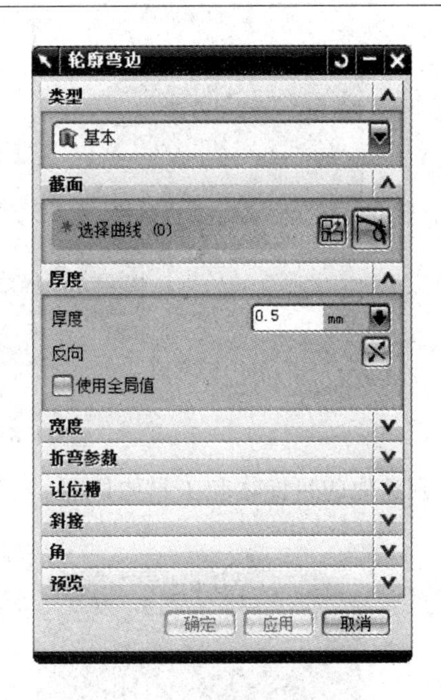

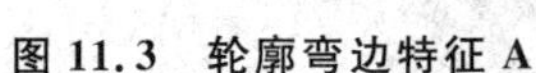

图 11.3　轮廓弯边特征 A　　　　图 11.4　"轮廓弯边"对话框

(2)定义轮廓弯边截面:单击"轮廓弯边"对话框中的"绘制截面"按钮,弹出"创建草图"对话框。直接单击"确定"按钮,以 XC-YC 平面作为草绘平面,进入草绘环境,绘制如图 11.5 所示的草图。绘制完成后,直接单击完成草图按钮,退出草图环境,返回"轮廓弯边"对话框。

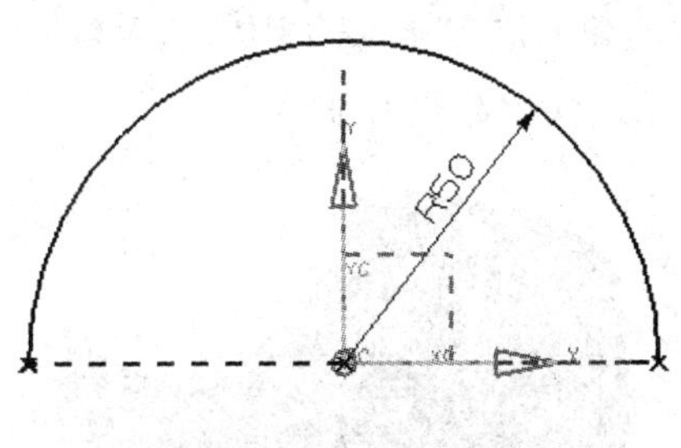

图 11.5　截面草图

(3)定义参数:厚度方向为系统默认方向,厚度值为 0.5;宽度类型为"有限",宽度值为 50;其余选项默认。

(4)单击"确定"按钮,完成轮廓弯边特征 A 的创建。

Step3:创建如图 11.6 所示的镜像特征。

(1)选择"插入"→"关联复制"→"镜像特征"命令(或单击工具栏按钮),弹出"镜像特征"对话框。

(2)选择镜像对象:选取 Step2 创建的轮廓弯边特征为镜像源特征,并单击鼠标中键确定。

(3)定义镜像平面:选取 Z-X 基准平面为镜像平面,单击"确定"按钮,完成镜像特征的创建。

Step 4:进行求和操作。

(1)选择"开始"→"建模"命令,进入建模环境。

(2)选择"插入"→"组合体"→"求和"命令(或单击工具栏按钮),弹出"求和"对话框。

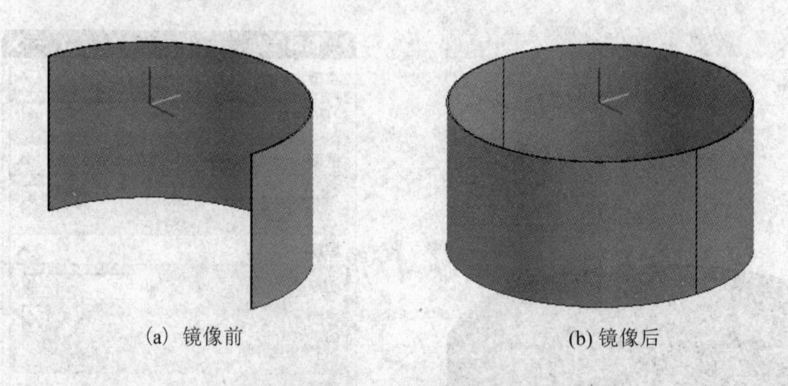

(a) 镜像前　　(b) 镜像后

图 11.6　镜像特征

(3)分别选取的目标体和工具体如图 11.7 所示,单击“确定”按钮,完成求和操作。

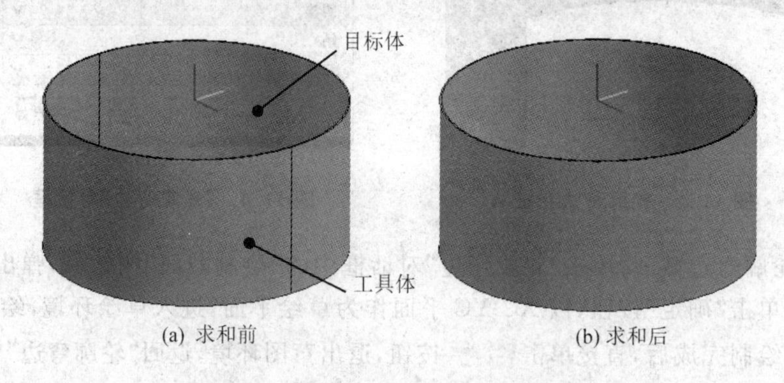

(a) 求和前　　(b) 求和后

图 11.7　“求和”目标体和工具体

Step5:创建如图 11.8 所示的法向除料特征 A。

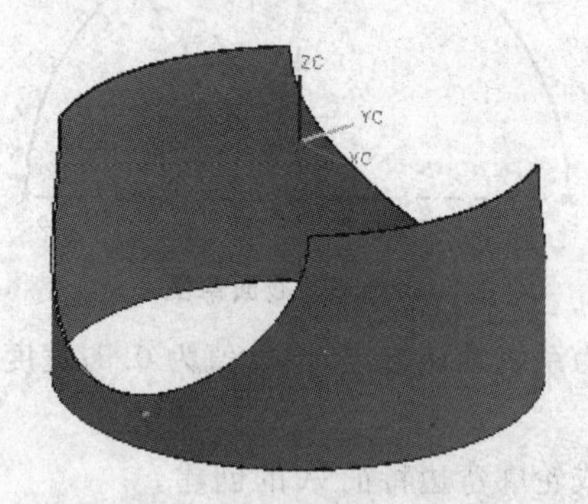

图 11.8　法向除料特征 A

(1)选择“开始”→“钣金”命令,返回钣金环境。

(2)选择“插入”→“剪切”→“法向除料”命令(或直接单击工具栏按钮),弹出“法向除料”对话框,如图 11.9 所示。

(3)绘制除料截面草图:单击按钮,弹出“创建草图”对话框,选取 X-Z 基准平面为草绘平面,单击“确定”按钮,进入草绘环境,绘制如图 11.10 所示的截面草图。

图 11.9 “法向除料”对话框

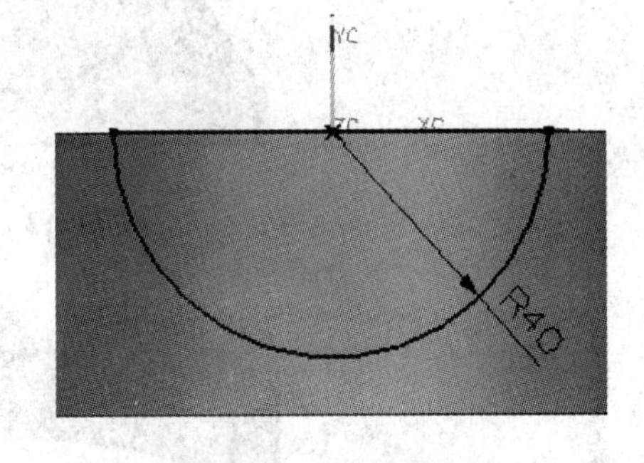

图 11.10 截面草图

(4)定义除料参数:切除方法选择“厚度”,限制选择“值”,选中“对称深度”复选框,深度值为 60,其余选项默认。

(5)单击“确定”按钮,完成法向除料特征 A 的创建。

Step6:创建如图 11.11 所示的法向除料特征 B。

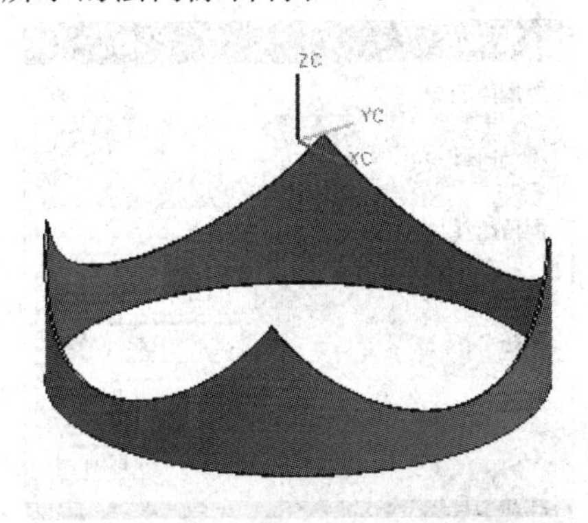

图 11.11 法向除料特征 B

(1)选择“插入”→“剪切”→“法向除料”命令(或直接单击工具栏按钮),弹出“法向除料”对话框。

(2)绘制除料截面草图:单击按钮,弹出“创建草图”对话框,选取 Y-Z 基准平面为草绘平面,单击“确定”按钮,进入草绘环境,绘制如图 11.12 所示的截面草图。

(3)定义除料参数:切除方法选择“厚度”,限制选择“值”,选中“对称深度”复选框,深度值为 60,其余选项默认,单击“确定”按钮,完成法向除料特征 B 的创建。

Step7:创建如图 11.13 所示的钣金倒角特征。

(1)选择“插入”→“拐角”→“倒角”命令(或直接单击工具栏按钮),弹出“断开角”对话框,如图 11.14 所示。

(2)定义倒角属性:方法选择“圆角”,半径值为 8。

(3)选取倒角边:选取如图 11.15 所示的 4 条边为倒角边。

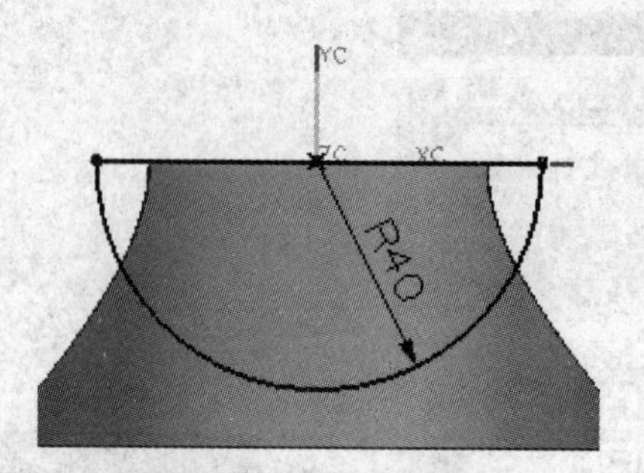

图 11.12　截面草图

图 11.13　钣金倒角特征

图 11.14　"断开角"对话框

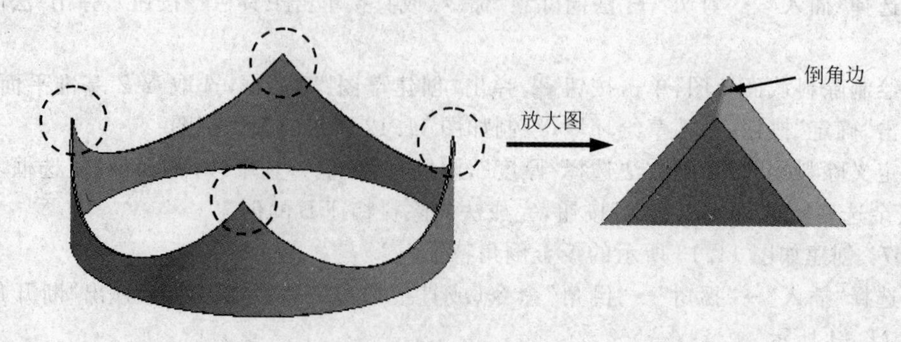

图 11.15　倒角边

(4)单击"确定"按钮，完成钣金倒角特征的创建。

Step8：创建如图 11.16 所示的轮廓弯边特征 B。

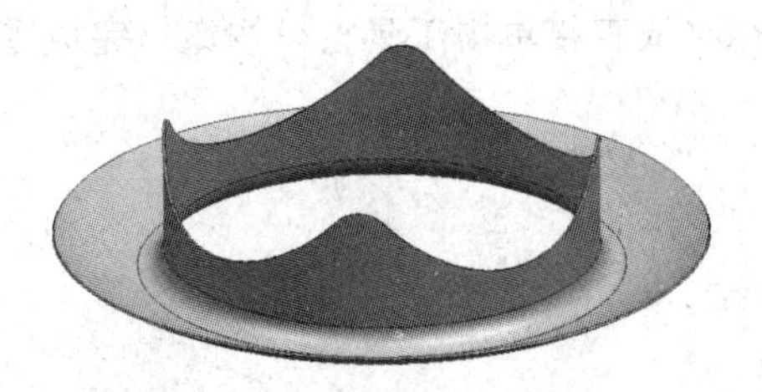

图 11.16　轮廓弯边特征 B

(1)选择"插入"→"折弯"→"轮廓弯边"命令(或直接单击工具栏按钮)，弹出"轮廓弯边"对话框。

(2)定义轮廓弯边类型：轮廓弯边类型选择"次要"。

(3)定义轮廓弯边截面：单击"轮廓弯边"对话框中的"绘制截面"按钮，弹出"创建草图"对话框，如图 11.17 所示。选取如图 11.18 所示的模型边缘为路径，位置选择"%圆弧长"，值输入 0，其余选项默认，单击"确定"按钮，进入草绘环境，绘制如图 11.19 所示的草图。绘制完成后，直接单击完成草图按钮，退出草图环境，返回"轮廓弯边"对话框。

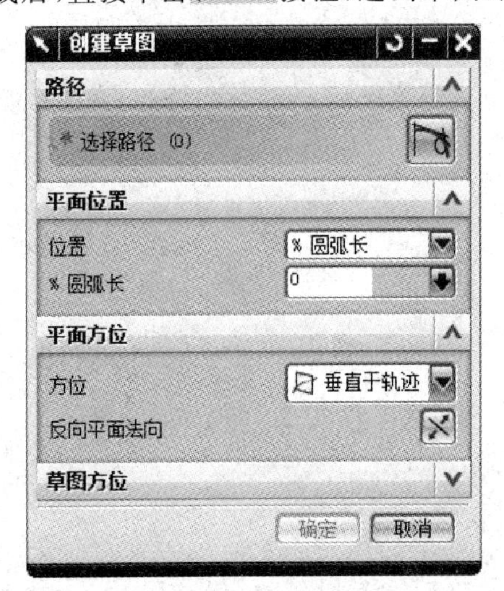

图 11.17　"创建草图"对话框

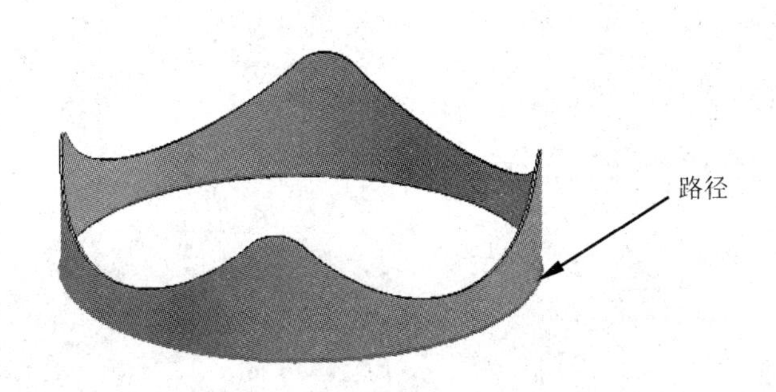

图 11.18　路径示意图

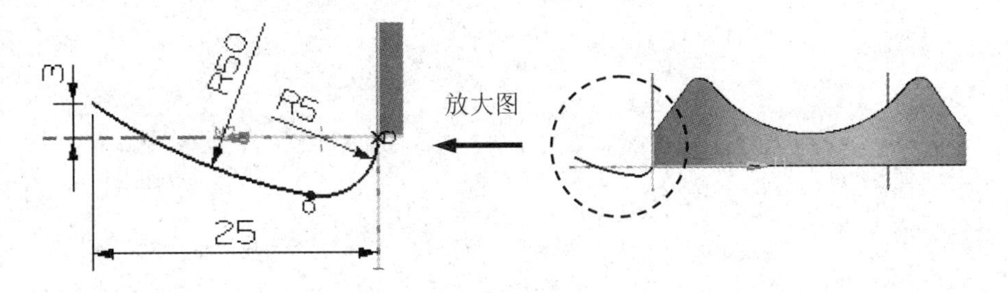

图 11.19　截面草图

(4)定义参数：宽度类型为"到端点"，其余选项默认。

(5)单击"确定"按钮，完成轮廓弯边特征 B 的创建。

Step9：保存零件模型。

选择“文件”→“保存”命令（或直接单击工具栏 按钮），完成零件模型的保存。

实训项目 12

完成如图 12.1 所示的钣金体。

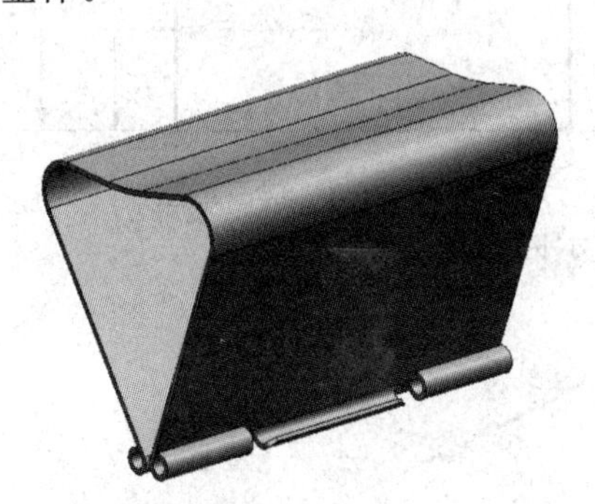

图 12.1 文具夹

Step1：新建文件。

选择“文件”→“新建”命令(或直接单击工具栏按钮)，弹出“新建”对话框。新建名称为“project-12. Prt”的钣金文件，设置零件模型单位为“毫米”，并单击“确定”进入钣金环境。

Step2：创建如图 12.2 所示的突出块特征。

(1)选择“插入”→“突出块特征”(或单击工具栏按钮)，弹出“标记凸台”对话框，如图 12.3 所示。

(2)定义类型为“基本”。

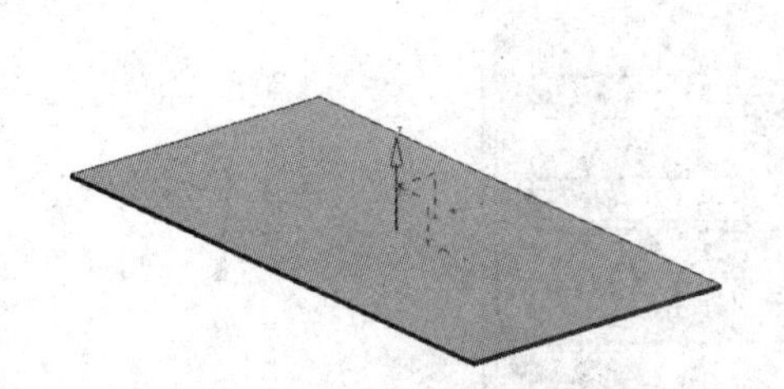

图 12.2 突出块特征

图 12.3 “标记凸台”对话框

(3)定义标记凸台截面：单击“标记凸台”对话框中的“绘制截面”按钮，弹出“创建草图”对话框。直接单击“确定”按钮，以 XC-YC 平面作为草绘平面，进入草绘环境，绘制如图 12.4 所示的草图。绘制完成后，直接单击完成草图按钮，退出草图环境，返回“标记凸台”对话框。

(4)定义厚度：厚度方向为系统默认方向，厚度值为 0.5。

(5)单击“确定”按钮，完成突出块特征的创建。

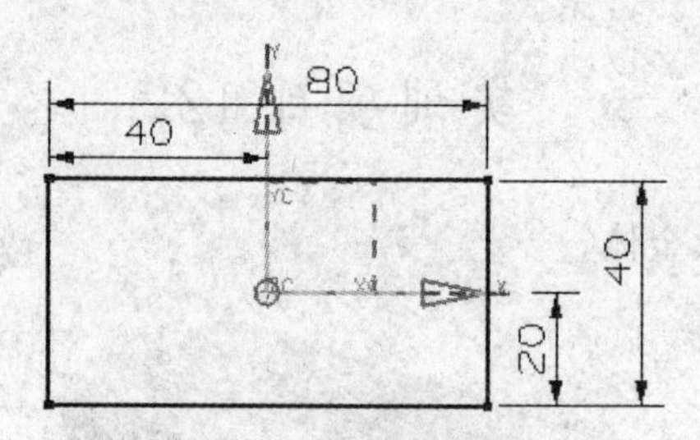

图 12.4 剖面草图

Step3：创建如图 12.5 所示的卷弯边特征 A。

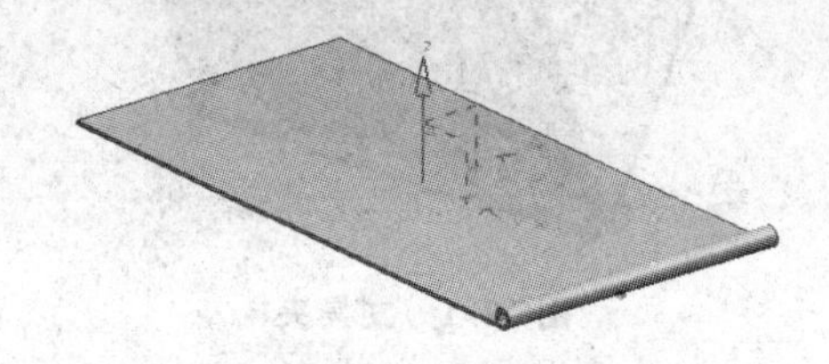

图 12.5 卷弯边特征 A

(1)选择"插入"→"折弯"→"卷弯边"命令(或直接单击工具栏按钮)，弹出"折边"对话框，如图 12.6 所示。

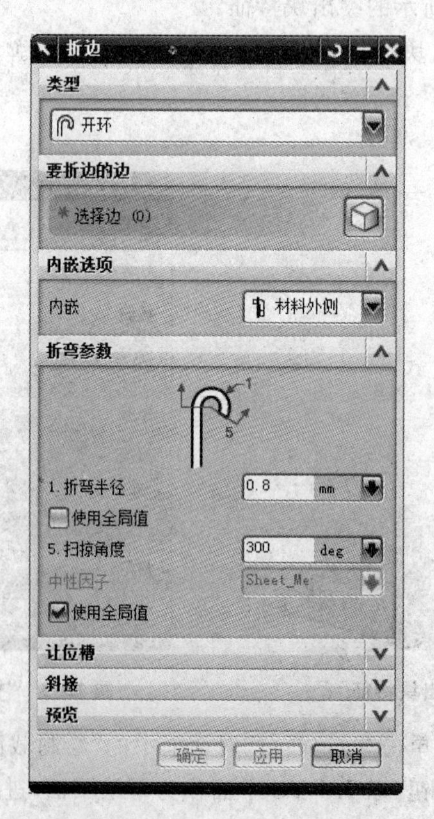

图 12.6 "折边"对话框

(2)定义折弯边线：选取如图 12.7 所示的边为折弯边线。

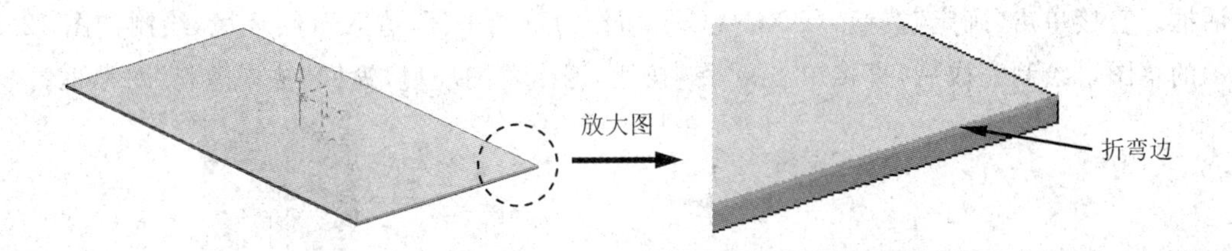

图 12.7　折弯边线

(3)定义卷弯边属性:折边类型选择“开环”;内嵌类型选择“材料外侧”;折弯半径输入数值 0.8,扫掠角度为 300 度;其余选项默认。

(4)单击“确定”按钮,完成卷弯边特征 A 的创建。

Step 4:创建如图 12.8 所示的矫直特征

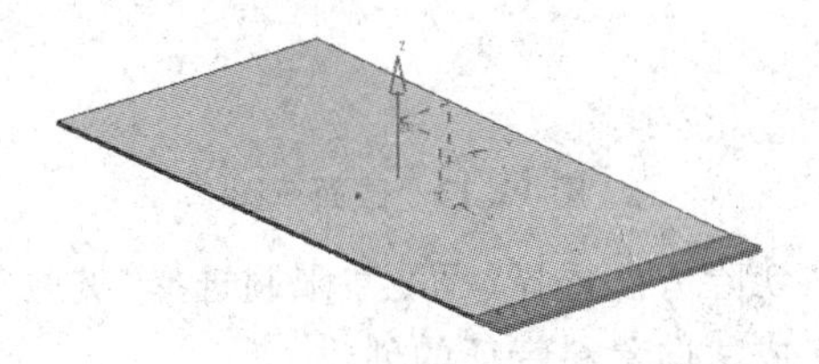

图 12.8　矫直特征

(1)选择“插入”→“成形”→“矫直”命令(或直接单击工具栏按钮),弹出“矫直”对话框。

(2)定义矫直固定面:选取如图 12.9 所示的模型表面为矫直固定面。

(3)定义折弯面:选取如图 12.10 所示的面为折弯面,单击“确定”按钮,完成矫直特征的创建。

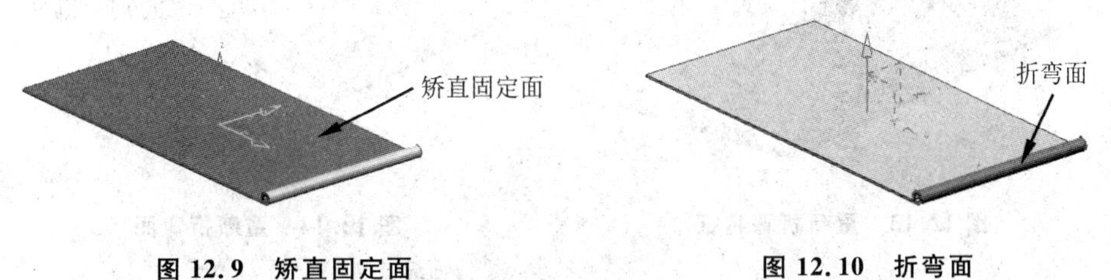

图 12.9　矫直固定面　　　　图 12.10　折弯面

Step 5:创建如图 12.11 所示的法向除料特征。

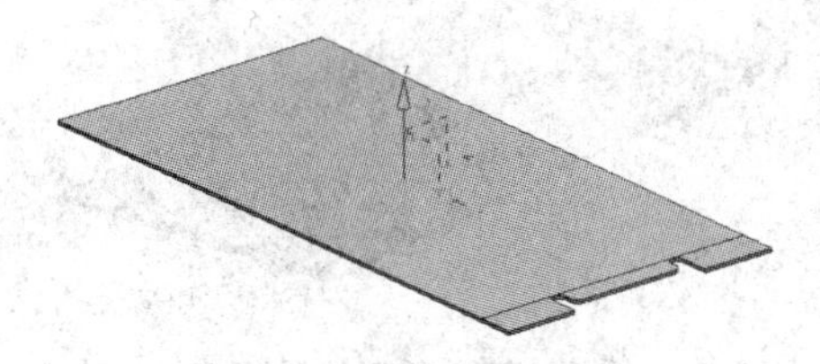

图 12.11　法向除料特征

(1)选择“插入”→“剪切”→“法向除料”命令(或直接单击工具栏按钮),弹出“法向除料”对话框。

(2)定义法向除料截面:单击“法向除料”对话框中的“绘制截面”按钮,弹出“创建草图”

对话框。直接单击“确定”按钮，以 XC-YC 平面作为草绘平面，进入草绘环境，绘制如图 12.12 所示的草图。绘制完成后，直接单击完成草图按钮，退出草图环境，返回“法向除料”对话框。

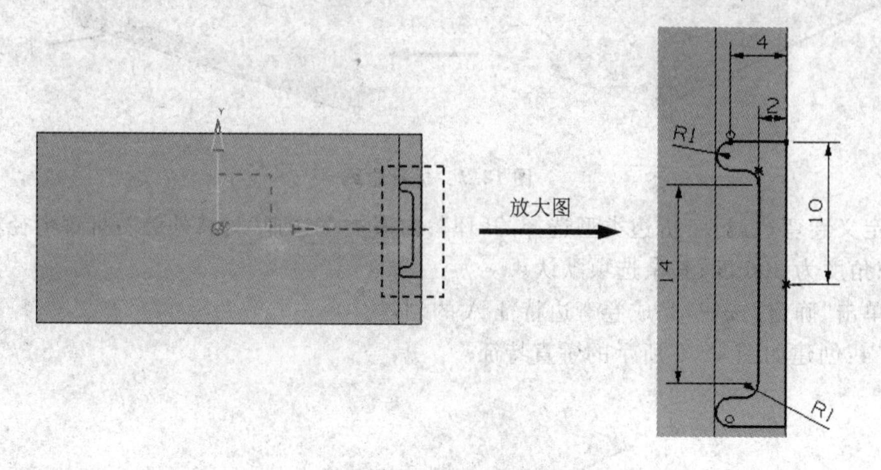

图 12.12 截面草图

(3)定义法向除料属性：切除方法选择“厚度”；限制选择“贯通”；单击“反向”按钮。

(4)单击“确定”按钮，完成法向除料特征的创建。

Step6：创建如图 12.13 所示的重新折弯特征。

(1)选择“插入”→“成形”→“重弯”命令(或直接单击工具栏按钮)，弹出“重弯”对话框。

(2)定义重新折弯面：选取如图 12.14 所示的模型表面为重新折弯面；单击“确定”按钮，完成重新折弯特征的创建。

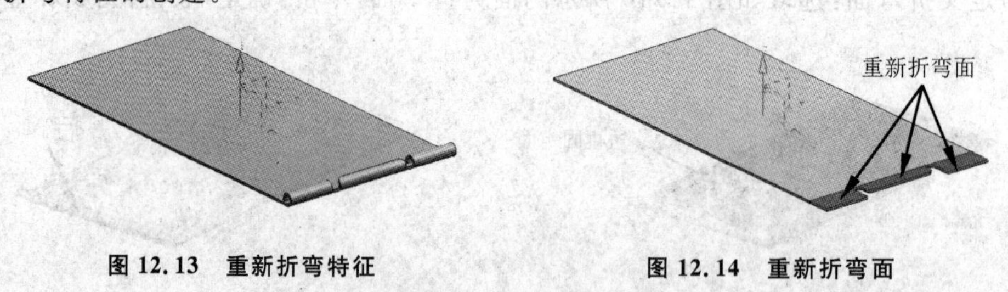

图 12.13 重新折弯特征　　　　图 12.14 重新折弯面

Step7：创建如图 12.15 所示的卷弯边特征 B，方法同卷弯边特征 A 的创建。

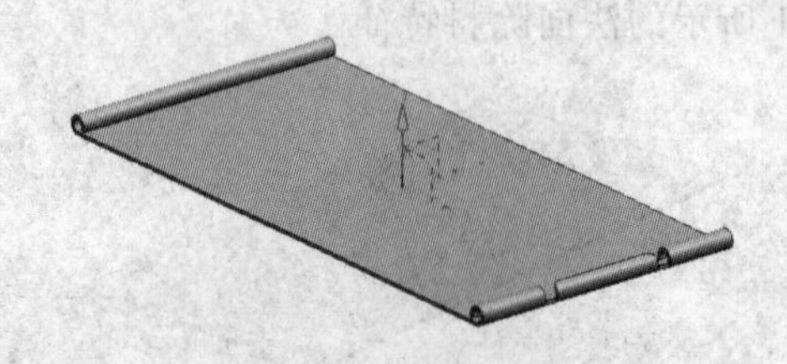

图 12.15 卷弯边特征 B

Step8：创建如图 12.16 所示的镜像特征。

(1)选择“插入”→“关联复制”→“镜像特征”命令(或单击工具栏按钮)，弹出“镜像特征”对话框，如图 12.17 所示。

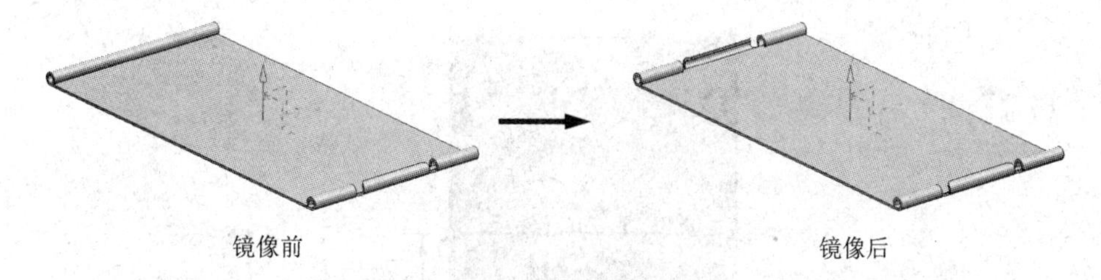

图 12.16　镜像特征

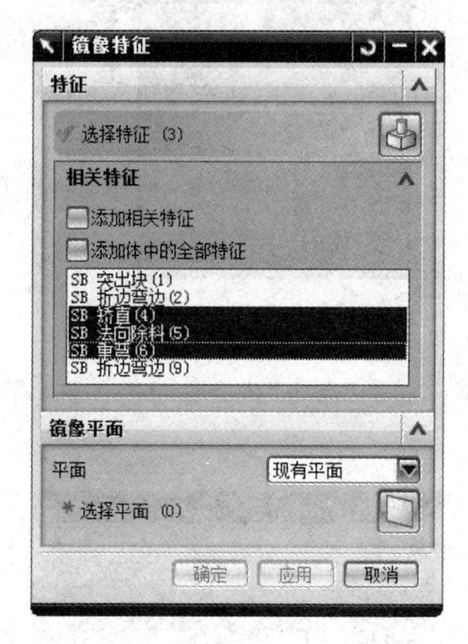

图 12.17　“镜像特征”对话框

(2)选择镜像对象:在“相关特征”列表中选取 Step4～ Step6 所创建的特征为镜像源特征,如图 12.17 所示,并单击鼠标中键确定。

(3)定义镜像平面:选取 Y-Z 基准平面为镜像平面。

(4)单击“确定”按钮,完成镜像特征的创建。

Step9:创建如图 12.18 所示的草图。

(1)选择“插入”→“草图”命令(或单击工具栏按钮),弹出“创建草图”对话框。

(2)选取如图 12.19 所示的表面为草绘平面,绘制如图 12.18 所示的草图,绘制完成后,直接单击按钮完成草图,完成草图绘制。

Step10:创建如图 12.20 所示的折弯特征 A。

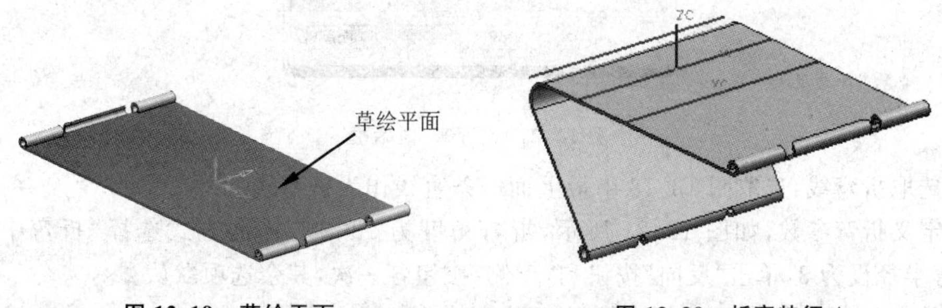

图 12.19　草绘平面　　图 12.20　折弯特征 A

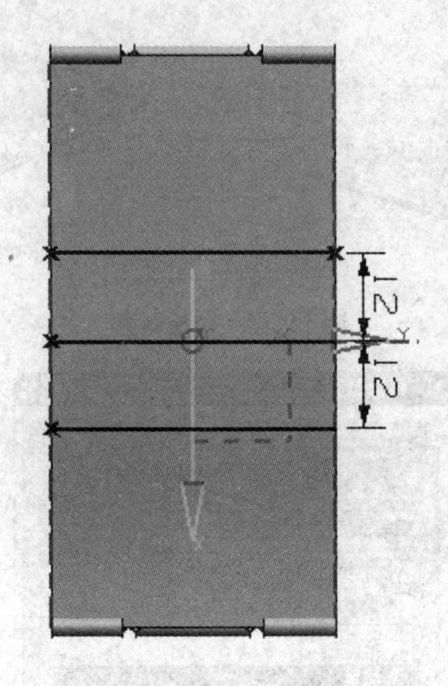

图 12.18 草图

(1)选择“插入”→“折弯”→“折弯”命令(或直接单击工具栏按钮),弹出“折弯”对话框,如图 12.21 所示。

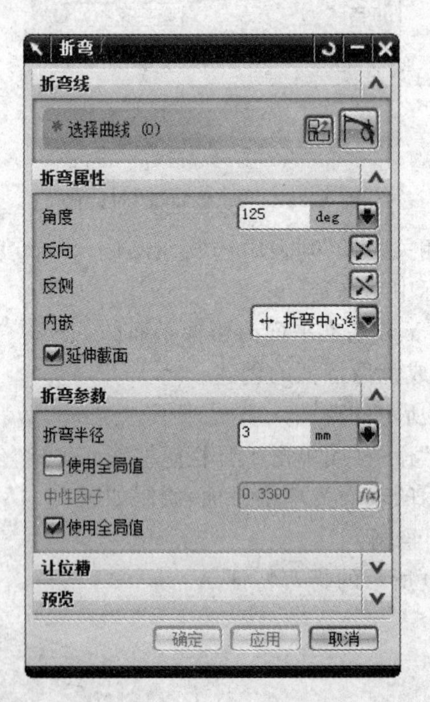

图 12.21 “折弯”对话框

(2)选取折弯线:选取图 12.18 中最上面一条直线作为折弯线。

(3)定义折弯参数,如图 12.21 所示,折弯角度为 125 度,内嵌方式选择“折弯中心线轮廓”,折弯半径设为 3,单击“反向”按钮和“反侧”按钮各一次,其余选项默认。

(4)单击“确定”按钮,完成折弯特征 A 的创建。

Step11：创建如图 12.22 所示的折弯特征 B,方法同折弯特征 A 的创建。

Step12：创建如图 12.23 所示的折弯特征 C。

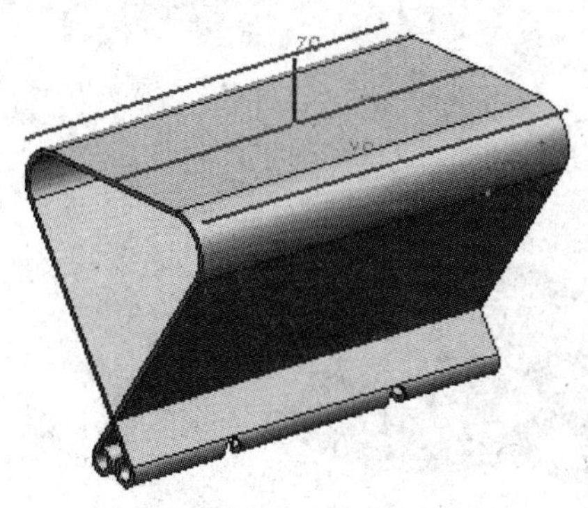

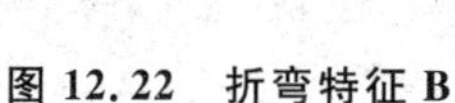

图 12.22 折弯特征 B

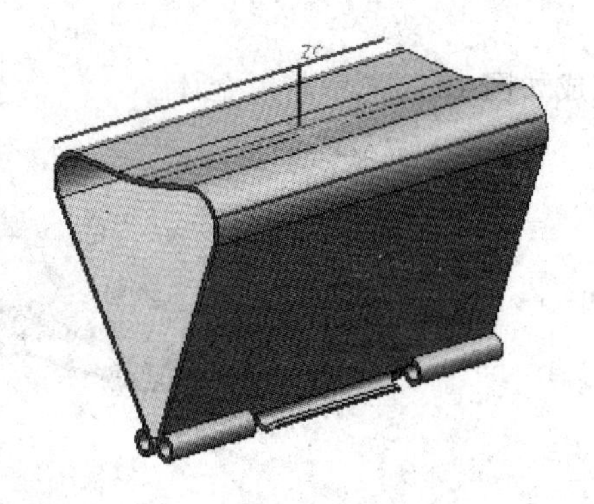

图 12.23 折弯特征 C

(1)选择“插入”→“折弯”→“折弯”命令(或直接单击工具栏按钮),弹出“折弯”对话框。

(2)选取折弯线:选取图 12.18 中间一条直线作为折弯线。

(3)定义折弯参数:折弯角度为 14 度,内嵌方式选择“折弯中心线轮廓”,折弯半径设为 20,利用“反向”按钮和“反侧”按钮调整折弯方向,其余选项默认。

(4)单击“确定”按钮,完成折弯特征 C 的创建。

Step13：保存零件模型。

选择“文件”→“保存”命令(或直接单击工具栏按钮),完成零件模型的保存。

实训项目 13

完成如图 13.1 所示的钣金体。

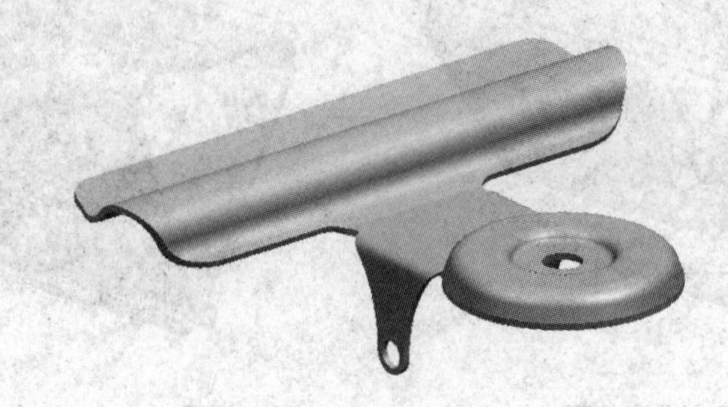

图 13.1　夹子

Step1：新建文件。

选择“文件”→“新建”命令(或直接单击工具栏按钮)，弹出“新建”对话框。新建名称为“project-13. Prt”的钣金文件，设置零件模型单位为“毫米”，并单击“确定”按钮进入钣金环境。

Step2：创建如图 13.2 所示的轮廓弯边特征 A。

(1)选择“插入”→“折弯”→“轮廓弯边”命令(或直接单击工具栏按钮)，弹出“轮廓弯边”对话框。

(2)定义轮廓弯边截面：单击“轮廓弯边”对话框中的“绘制截面”按钮，弹出“创建草图”对话框。直接单击“确定”按钮，以 XC-YC 平面作为草绘平面，进入草绘环境，绘制如图 13.3 所示的草图。绘制完成后，直接单击完成草图按钮，退出草图环境，返回轮廓弯边对话框。

图 13.2　轮廓弯边特征 A

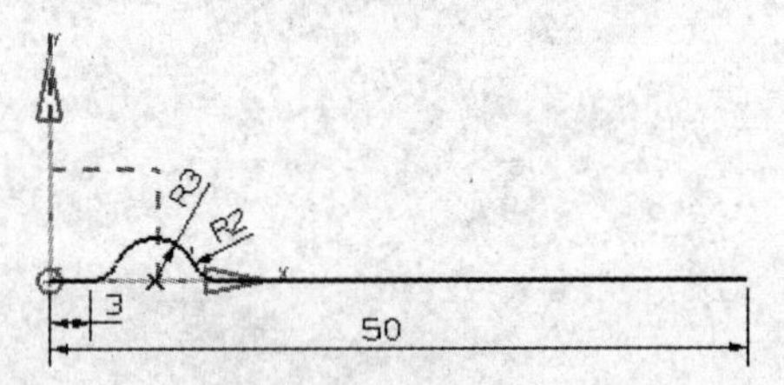

图 13.3　截面草图

(3)定义参数：厚度方向为系统默认方向，厚度值为 0.5；宽度类型为“对称”，宽度值为 50；其余选项默认。

(4)单击“确定”按钮，完成轮廓弯边特征 A 的创建。

Step3：创建如图 13.4 所示的凹坑特征 A。

(1)选择“插入”→“冲孔”→“凹坑”命令(或单击工具栏按钮)，弹出“凹坑”对话框，如图 13.5 所示。

(2)绘制凹坑截面草图：单击按钮，弹出“创建草图”对话框，选取如图 13.6 所示的平面为草绘平面，单击“确定”按钮，进入草绘环境，绘制如图 13.7 所示的截面草图。

图 13.4 凹坑特征 A

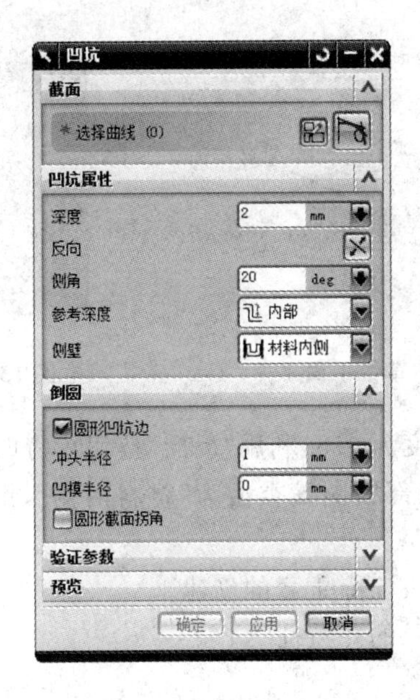

图 13.5 “凹坑”对话框

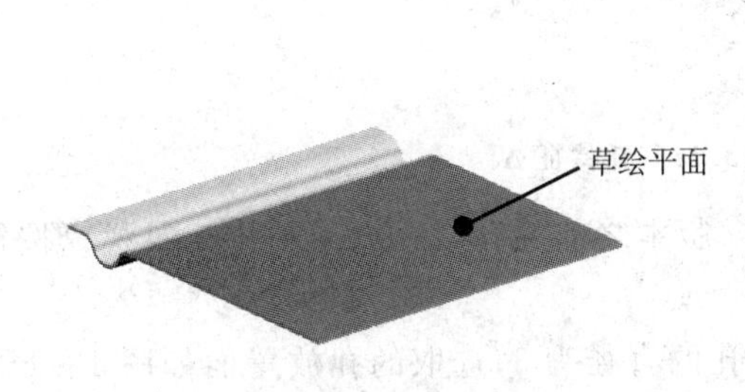

图 13.6 草绘平面

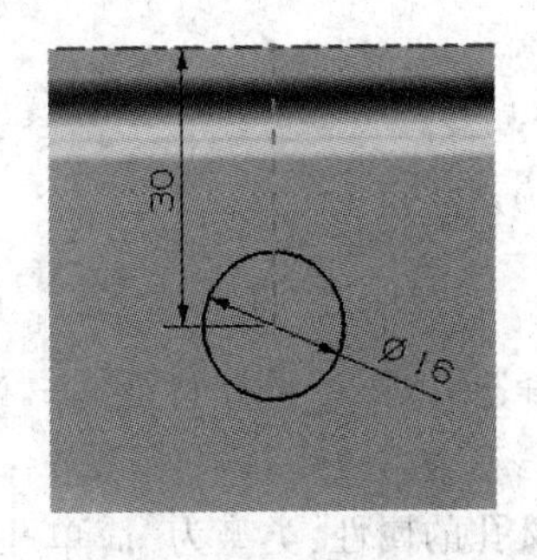

图 13.7 截面草图

(3)定义凹坑属性：凹坑深度为 2，利用“反向”按钮将凹坑方向设为指向实体内部，侧角为 20 度，参考深度类型为“内部”，侧壁类型为“材料内侧”，倒圆冲头半径为 1，凹模半径为 0，其余选项默认。

(4)单击“确定”按钮，完成凹坑特征 A 的创建。

Step4：创建如图 13.8 所示的凹坑特征 B。

(1)选择“插入”→“冲孔”→“凹坑”命令(或单击工具栏按钮)，弹出“凹坑”对话框。

(2)绘制凹坑截面草图：单击按钮，弹出“创建草图”对话框，选取如图 13.9 所示的平面为草绘平面，单击“确定”按钮，进入草绘环境，绘制如图 13.10 所示的截面草图。

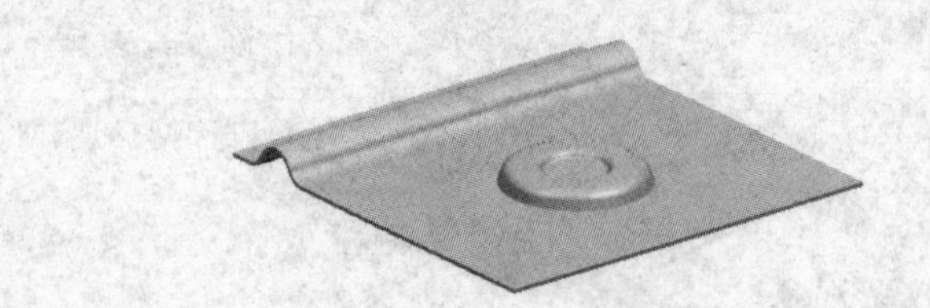

图 13.8 凹坑特征 B

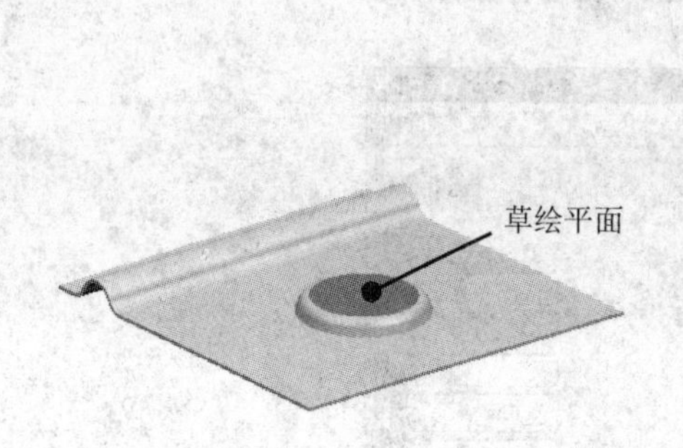

图 13.9 草绘平面

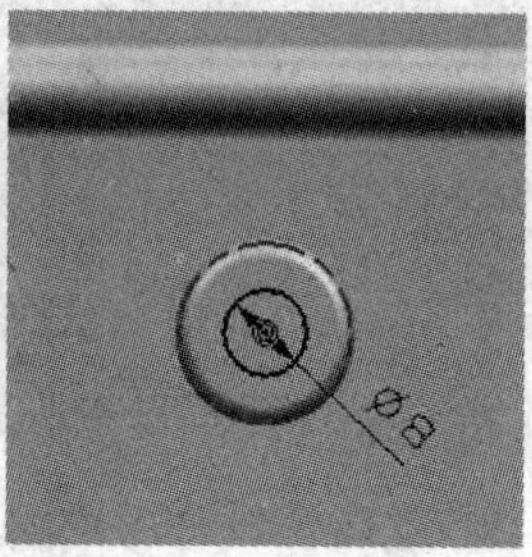

图 13.10 截面草图

(3)定义凹坑属性:凹坑深度为 0.8,利用“反向”按钮将凹坑方向设为指向实体内部,侧角为 20 度,参考深度类型为“内部”,侧壁类型为“材料内侧”,倒圆冲头半径为 0.5,凹模半径为 0.5,其余选项默认。

(4)单击“确定”按钮,完成凹坑特征 B 的创建。

Step5:创建如图 13.11 所示的孔特征 A。

图 13.11 孔特征 A

(1)选择“插入”→“设计特征”→“NX5 版本之前的孔”命令(或单击工具栏按钮),弹出“孔”对话框。

(2)定义孔的属性:类型为“简单孔”,孔的直径为 3,选取的孔放置面如图 13.12 所示,通过面如图 13.13 所示,单击“应用”按钮,弹出“定位”对话框。

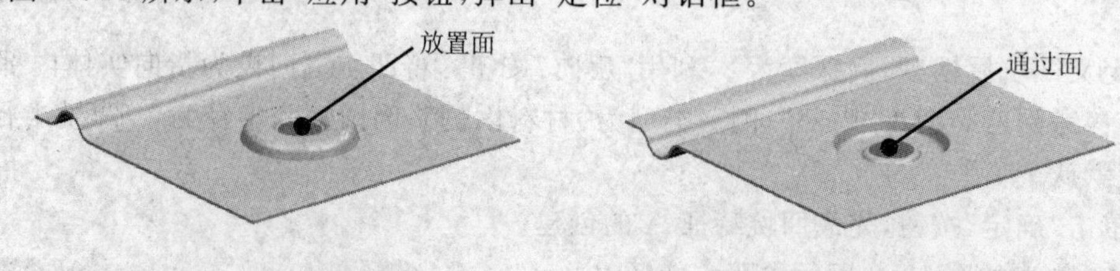

图 13.12 放置面 **图 13.13 通过面**

(3)定位:定位方式选择,弹出“点到点”对话框,选取的目标边如图 13.14 所示,设置圆弧的位置为“圆弧中心”,完成孔特征 A 的创建。

图 13.14 目标边

Step6：创建如图 13.15 所示的拉伸特征 A。

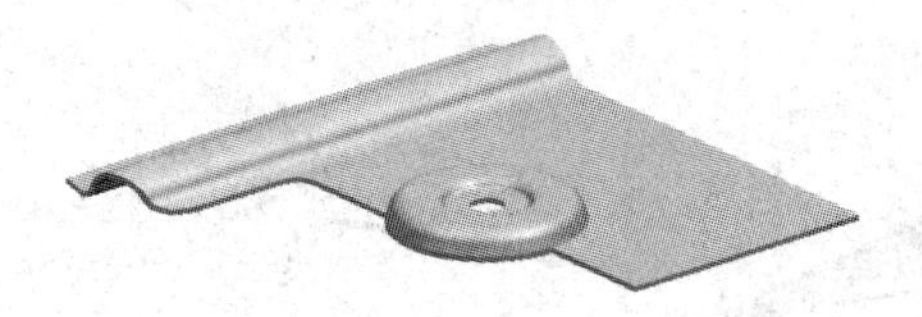

图 13.15 拉伸特征 A

(1)选择“插入”→“剪切”→“拉伸”命令(或直接单击工具栏按钮)，弹出“拉伸”对话框。

(2)定义拉伸剖面：单击“拉伸”对话框中的“绘制截面”按钮，弹出“创建草图”对话框。选取如图 13.16 所示的模型表面为草绘平面，进入草绘环境，绘制如图 13.17 所示草图。绘制完成后，直接单击完成草图按钮，退出草图环境。

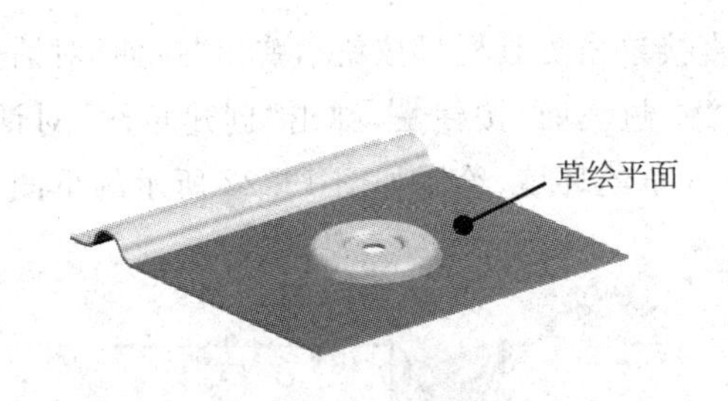

图 13.16 草绘平面

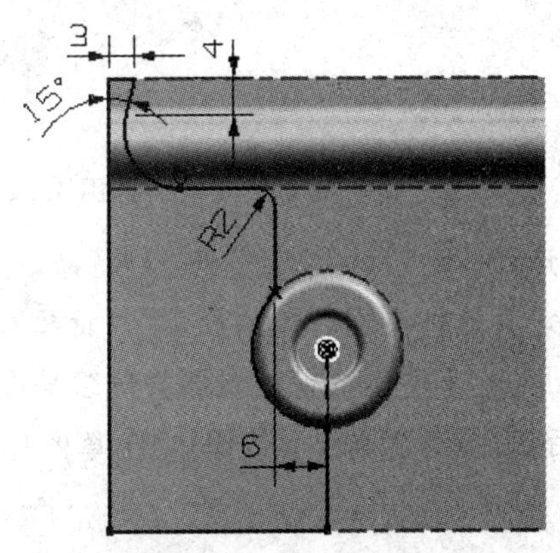

图 13.17 剖面草图

(3)定义拉伸属性：拉伸方向为系统默认方向，开始选项为“贯通”，结束选项为“贯通”，布尔运算选择“求差”，其余选项默认。

(4)单击“确定”按钮，完成拉伸特征 A 的创建。

Step7：创建如图 13.18 所示的弯边特征。

(1)选择“插入”→“折弯”→“弯边”命令(或直接单击工具栏按钮)，弹出“弯边”对话框。

(2)定义线性边：选取如图 13.19 所示的实体边为线性边。

(3)定义弯边属性：宽度选项为“完整”，弯边长度为 20，弯边方向为系统默认方向，弯边角度为 90 度，参考长度选项为“外部”，内嵌选项为“折弯外侧”，折弯半径取消全局值，输入半径为 0.5。

(4)单击“确定”按钮，完成弯边特征的创建。

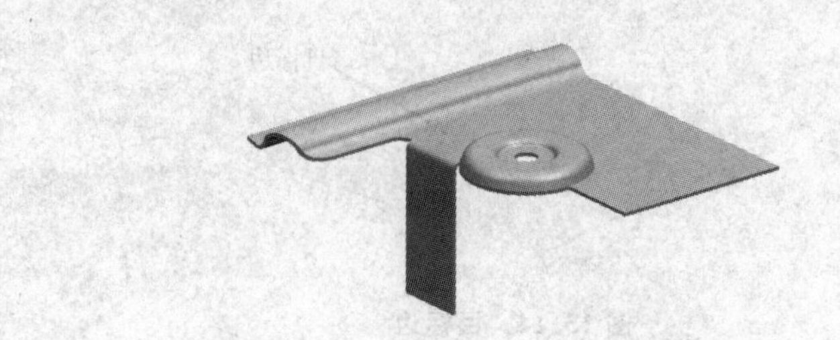

图 13.18　弯边特征

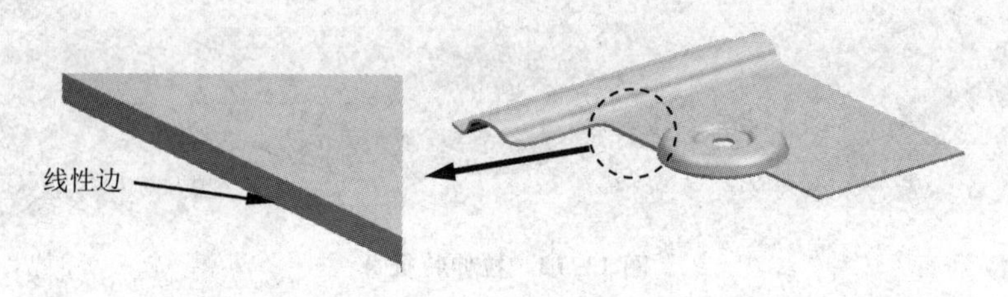

图 13.19　线性边

Step8：创建如图 13.20 所示的拉伸特征 B。

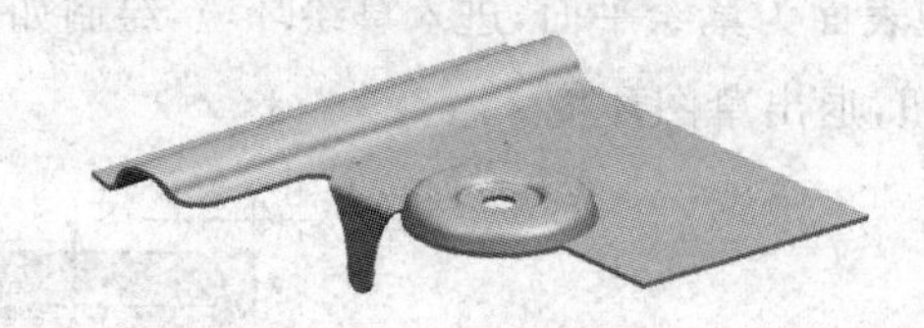

图 13.20　拉伸特征 B

(1)选择“插入”→“剪切”→“拉伸”命令(或直接单击工具栏按钮)，弹出“拉伸”对话框。

(2)定义拉伸剖面：单击“拉伸”对话框中的“绘制截面”按钮，弹出“创建草图”对话框。选取如图 13.21 所示的模型表面为草绘平面，进入草绘环境，绘制如图 13.22 所示的草图。绘制完成后，直接单击完成草图按钮，退出草图环境。

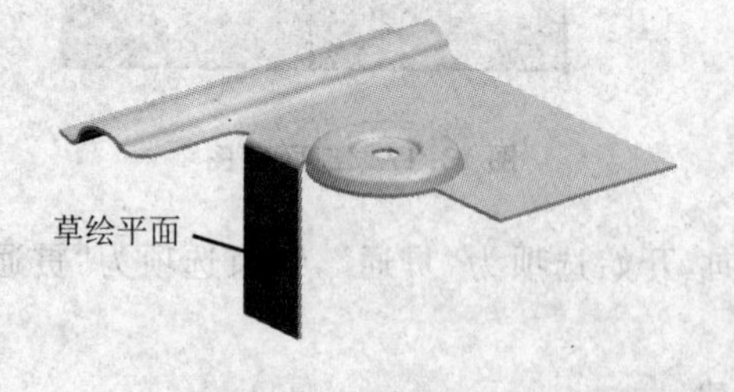

图 13.21　草绘平面

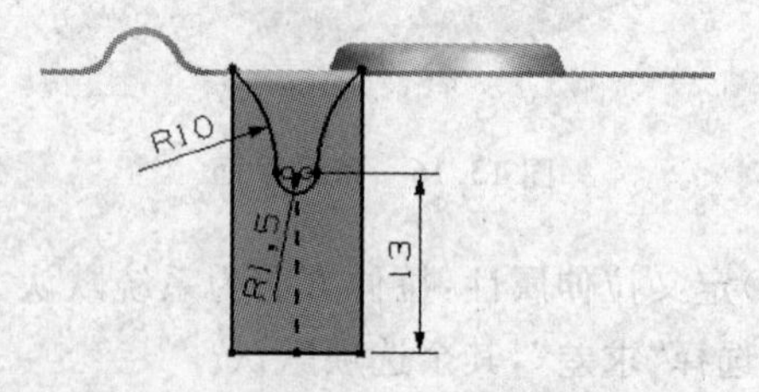

图 13.22　剖面草图

(3)定义拉伸属性：利用“反向”按钮将拉伸方向调整为指向实体，拉伸开始值为 0，拉伸结束值为 1，布尔运算选择“求差”，其余选项默认。

(4)单击“确定”按钮，完成拉伸特征 B 的创建。

Step9：创建如图 13.23 所示的孔特征 B。

(1)选择“插入”→“设计特征”→“NX5 版本之前的孔”命令(或单击工具栏按钮)，弹出“孔”对话框。

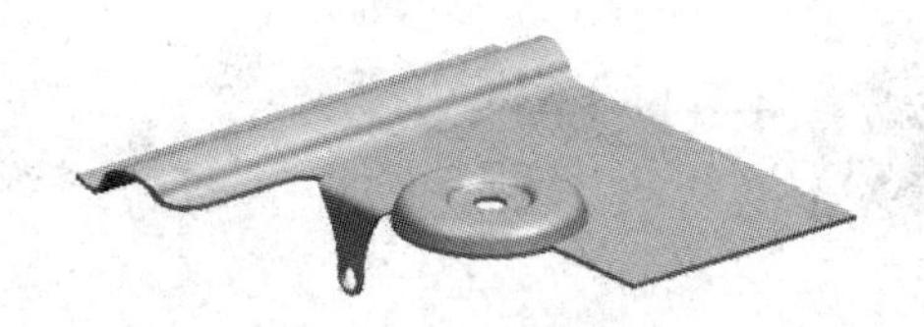

图 13.23　孔特征 B

(2)定义孔的属性:类型为“简单孔”,孔的直径为 3,选取的孔放置面如图 13.24 所示,通过面如图 13.25 所示,单击“应用”按钮,弹出“定位”对话框。

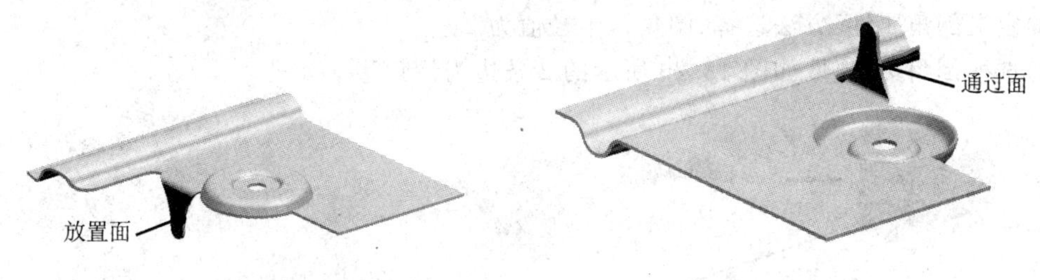

图 13.24　放置面　　　　图 13.25　通过面

(3)定位:定位方式选择,弹出“点到点”对话框,选取的目标边如图 13.26 所示,设置圆弧的位置为“圆弧中心”,完成孔特征 B 的创建。

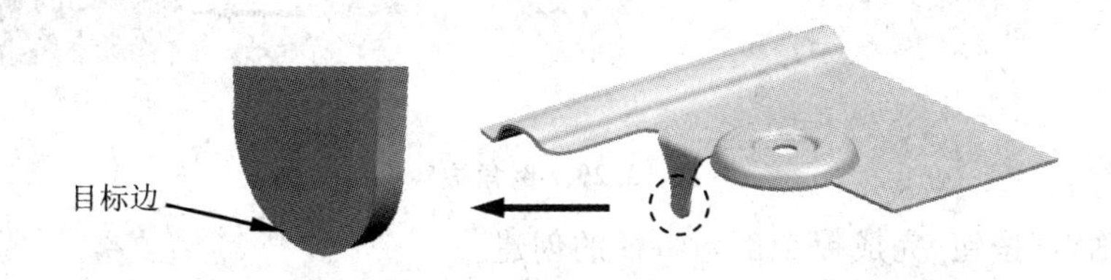

图 13.26　目标边

Step10:创建如图 13.27 所示的镜像特征。

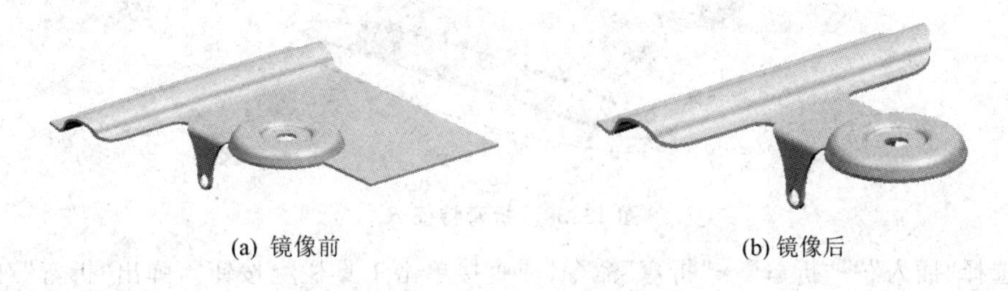

(a) 镜像前　　　　(b) 镜像后

图 13.27　镜像特征

(1)选择“插入”→“关联复制”→“镜像特征”命令(或单击工具栏按钮),弹出“镜像特征”对话框。

(2)选择镜像对象:选取 Step6～Step10 所创建的特征为镜像源特征,并单击鼠标中键确定。

(3)定义镜像平面:选取 X-Y 基准平面为镜像平面,单击“确定”按钮,完成镜像特征的创建。

Step11:创建如图 13.28 所示的钣金倒角特征。

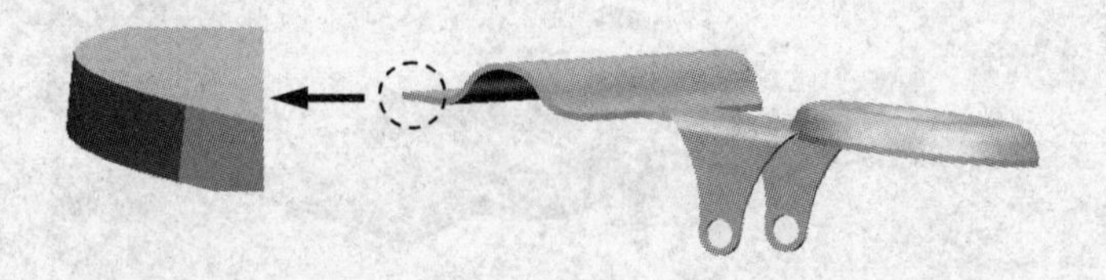

图 13.28 钣金倒角特征

(1)选择“插入”→“拐角”→“倒角”命令(或直接单击工具栏按钮),弹出“断开角”对话框。

(2)定义倒角属性:方法选择“圆角”,半径值为 2。

(3)选取倒角边:选取如图 13.29 所示的 2 条边为倒角边。

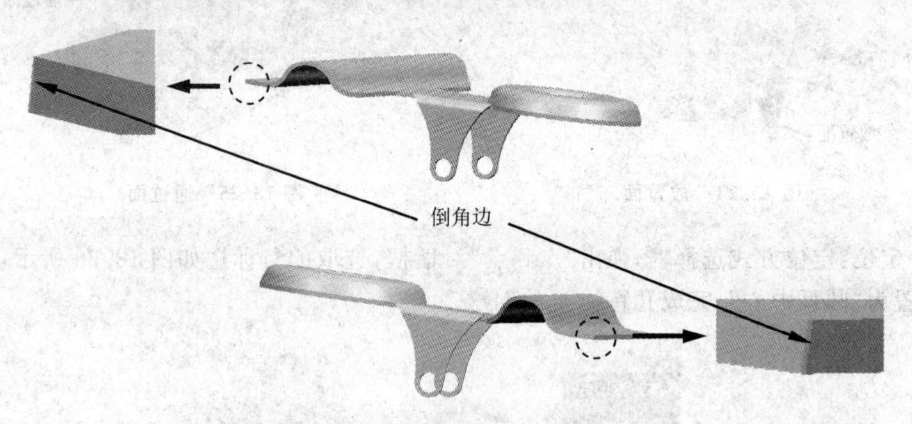

图 13.29 倒角边

(4)单击“确定”按钮,完成钣金倒角特征的创建。

Step12:创建如图 13.30 所示的折弯特征 A。

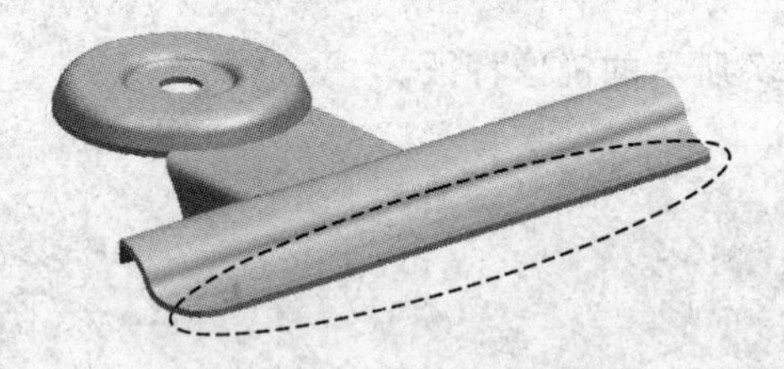

图 13.30 折弯特征 A

(1)选择“插入”→“折弯”→“折弯”命令(或直接单击工具栏按钮),弹出“折弯”对话框。

(2)绘制折弯线:单击按钮,弹出“创建草图”对话框,选取如图 13.31 所示的模型表面作为草绘平面,单击“确定”按钮,进入草绘环境,绘制如图 13.32 所示的折弯线。

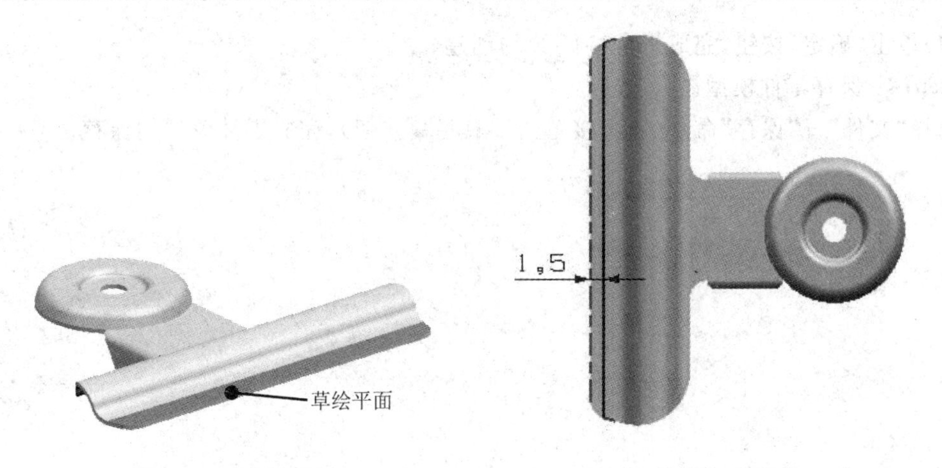

图 13.31　草绘平面　　　　图 13.32　折弯线

(3)定义折弯参数:折弯角度为 8 度,内嵌方式选择“外模具线轮廓”,取消折弯半径使用全局值,折弯半径设为 1,其余选项默认。

(4)单击“确定”按钮,完成折弯特征 A 的创建。

Step13:创建如图 13.33 所示的折弯特征 B。

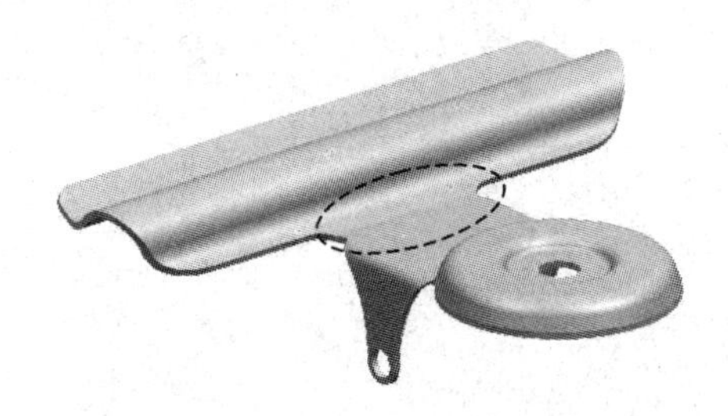

图 13.33　折弯特征 B

(1)选择“插入”→“折弯”→“折弯”命令(或直接单击工具栏按钮),弹出“折弯”对话框。

(2)绘制折弯线:单击按钮,弹出“创建草图”对话框,选取如图 13.34 所示的模型表面作为草绘平面,单击“确定”按钮,进入草绘环境,绘制如图 13.35 所示的折弯线。

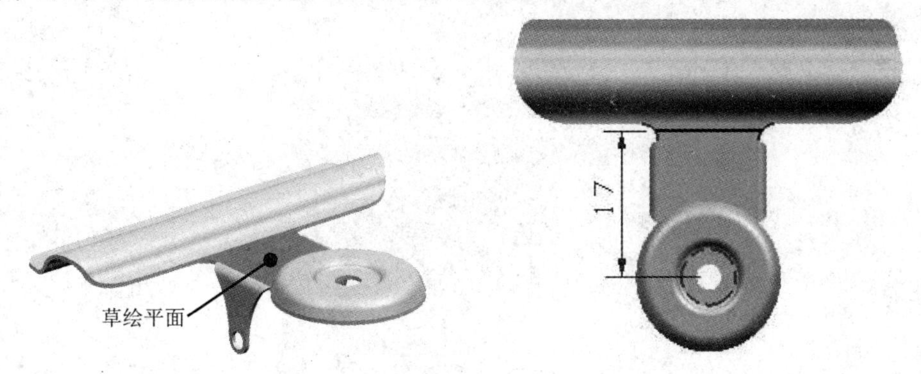

图 13.34　草绘平面　　　　图 13.35　折弯线

(3)定义折弯参数:折弯角度为 15 度,内嵌方式选择“材料外侧”,取消折弯半径使用全局值,折弯半径设为 0.5,其余选项默认。

(4)单击“确定”按钮,完成折弯特征 B 的创建。

Step14：保存零件模型。

选择“文件”→“保存”命令(或直接单击工具栏按钮),完成零件模型的保存。

实训项目 14

完成如图 14.1 所示的钣金体。

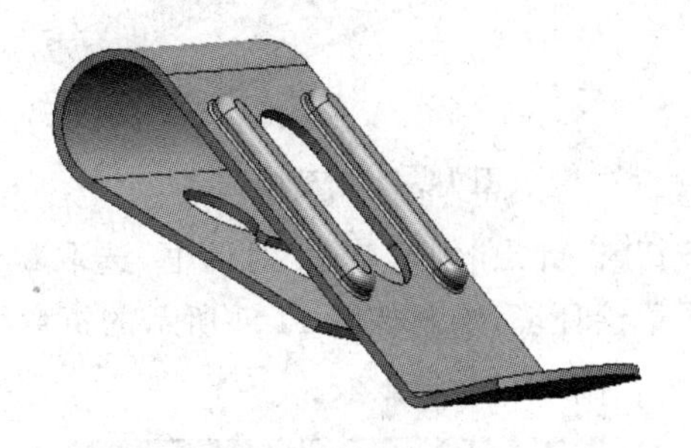

图 14.1　卷尺头

Step1：新建文件。

选择“文件”→“新建”命令(或直接单击工具栏按钮)，弹出“新建”对话框。新建名称为“project-14. Prt”的钣金文件，设置零件模型单位为“毫米”，并单击“确定”按钮进入钣金环境。

Step2：创建如图 14.2 所示的突出块特征 A。

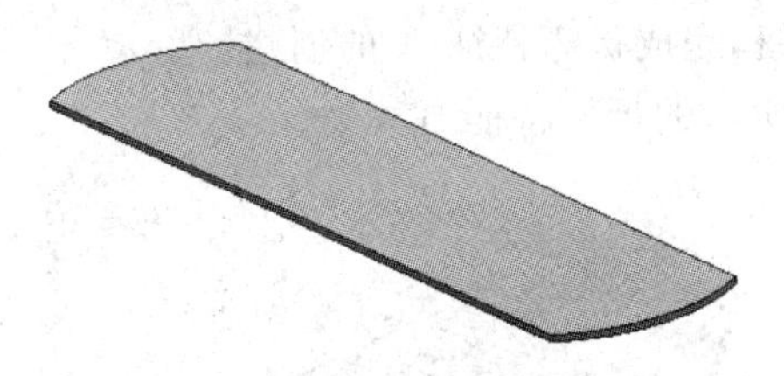

图 14.2　凸台特征 A

(1)选择“插入”→“突出块”命令(或直接单击工具栏按钮)，弹出“标记凸台”对话框。

(2)定义凸台剖面：单击“标记凸台”对话框中的“绘制截面”按钮，弹出“创建草图”对话框。直接单击“确定”按钮，以 XC-YC 平面作为草绘平面，进入草绘环境，绘制如图 14.3 所示的草图。绘制完成后，直接单击完成草图按钮，退出草图环境，返回“标记凸台”对话框。

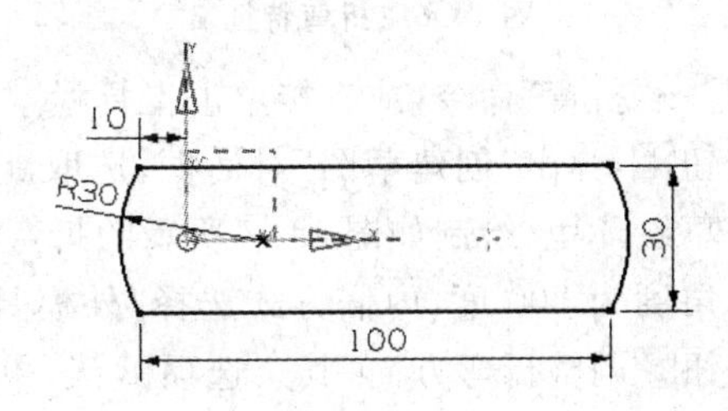

图 14.3　剖面草图

(3)定义标记凸台厚度为 1，厚度方向为系统默认方向。单击“确定”按钮，完成突出块特征 A 的创建。

Step3：创建如图 14.4 所示的折弯特征 A。

(1)选择“插入”→“折弯”→“折弯”命令(或直接单击工具栏按钮)，弹出“折弯”对话框。

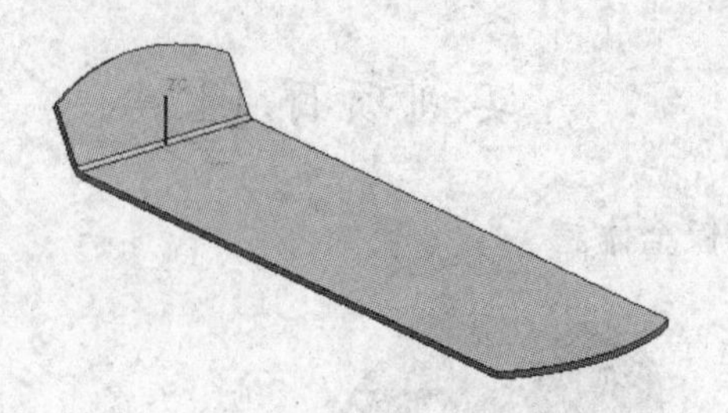

图 14.4　折弯特征 A

(2)绘制折弯线：单击按钮，弹出“创建草图”对话框，选取默认的 XC-YC 平面作为草绘平面，单击“确定”按钮，进入草绘环境，绘制如图 14.5 所示的折弯线。

图 14.5　折弯线

(3)定义折弯参数：折弯角度为 60 度，内嵌方式选择“外模具线轮廓”，折弯半径设为 1，其余选项默认，单击“确定”按钮，完成折弯特征 A 的创建。

Step 4：创建如图 14.6 所示的折弯特征 B。

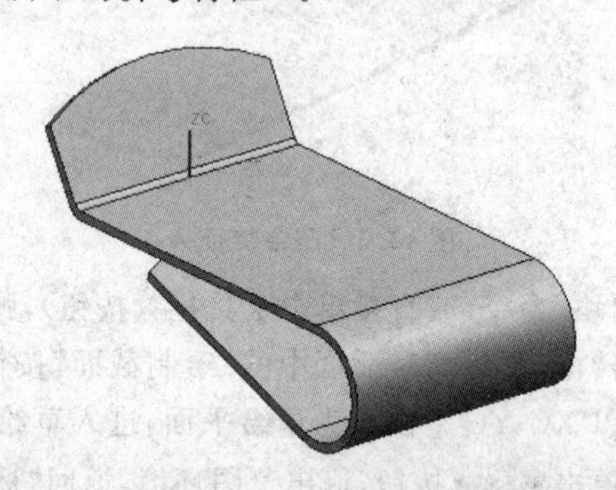

图 14.6　折弯特征 B

(1)选择“插入”→“折弯”→“折弯”命令(或直接单击工具栏按钮)，弹出“折弯”对话框。

(2)绘制折弯线：单击按钮，弹出“创建草图”对话框，选取默认的 XC-YC 平面作为草绘平面，单击“确定”按钮，进入草绘环境，绘制如图 14.7 所示的折弯线。

(3)定义折弯参数：折弯角度为 200 度，内嵌方式选择“外模具线轮廓”，折弯半径设为 6，利用“反向”按钮和“反侧”按钮调整折弯方向，其余选项默认，单击“确定”按钮，完成折弯特征 B 的创建。

Step5：创建如图 14.8 所示的法向除料特征 A。

(1)选择“插入”→“剪切”→“法向除料”命令(或直接单击工具栏按钮)，弹出“法向除料”对话框。

(2)绘制除料截面草图：单击按钮，弹出“创建草图”对话框，选取如图 14.9 所示的平面为草绘平面，单击“确定”按钮，进入草绘环境，绘制如图 14.10 所示的截面草图。

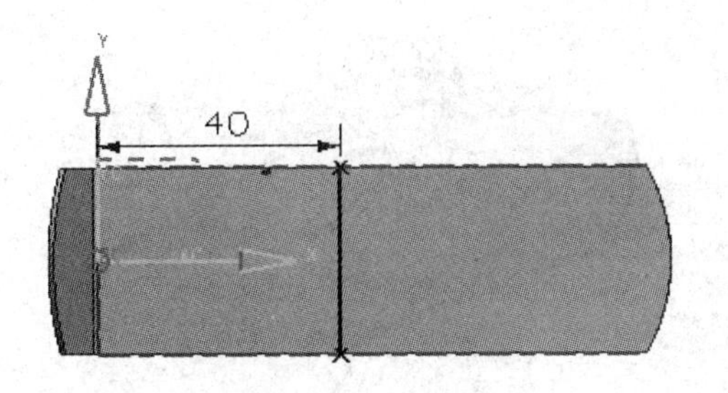

图 14.7 折弯线

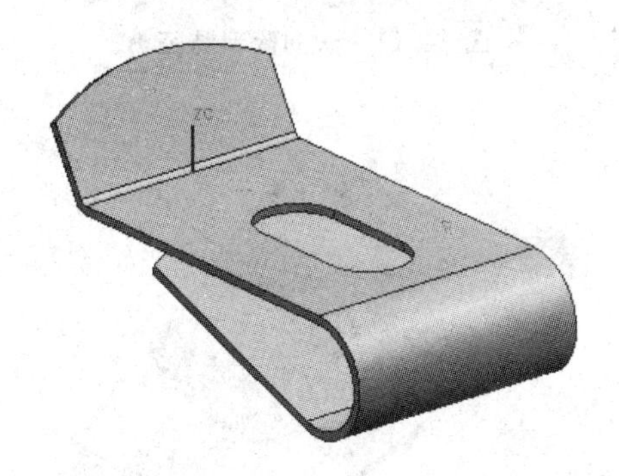

图 14.8 法向除料特征 A

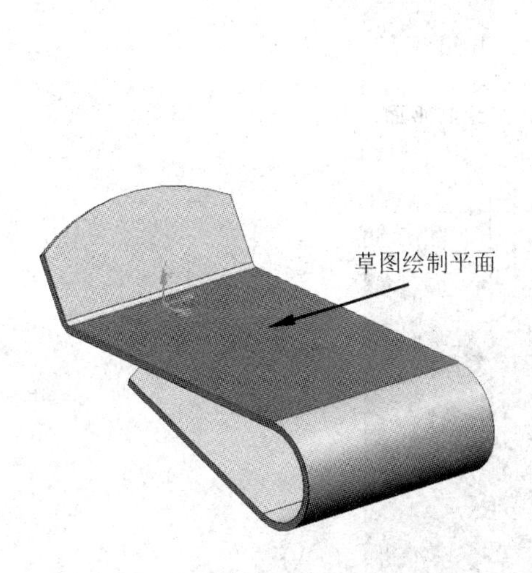

图 14.9 草图绘制平面

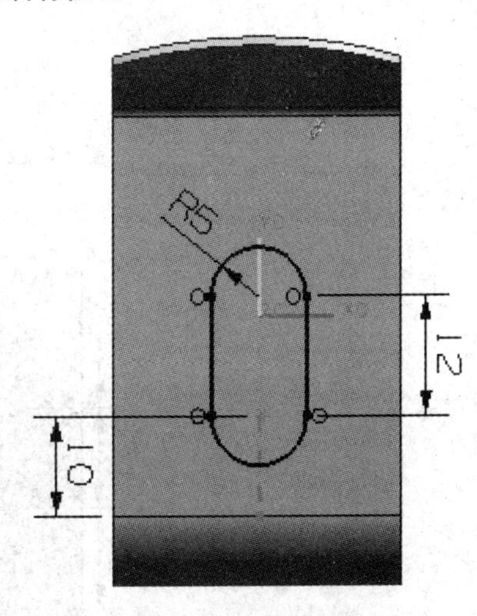

图 14.10 除料截面草图

(3)定义除料参数:切除方法选择“厚度”,限制选择“直至下一个”,利用“反向”按钮调整除料方向,其余选项默认,单击“确定”按钮,完成法向除料特征 A 的创建。

Step6:创建如图 14.11 所示的法向除料特征 B,除料截面草图所在平面如图 14.12 所示,除料截面草图如图 14.13 所示。其余步骤可参考法向除料特征 A 的创建。

Step7:创建如图 14.14 所示的凹坑特征。

(1)选择“插入”→“冲孔”→“凹坑”命令(或单击工具栏按钮),弹出“凹坑”对话框。

(2)绘制凹坑截面草图:单击按钮,弹出“创建草图”对话框,选取如图 14.15 所示的平面为草绘平面,单击“确定”按钮,进入草绘环境,绘制如图 14.16 所示的截面草图。

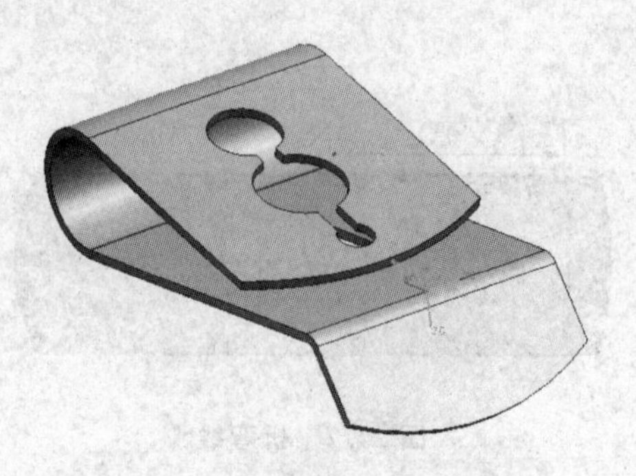

图 14.11　法向除料特征 B

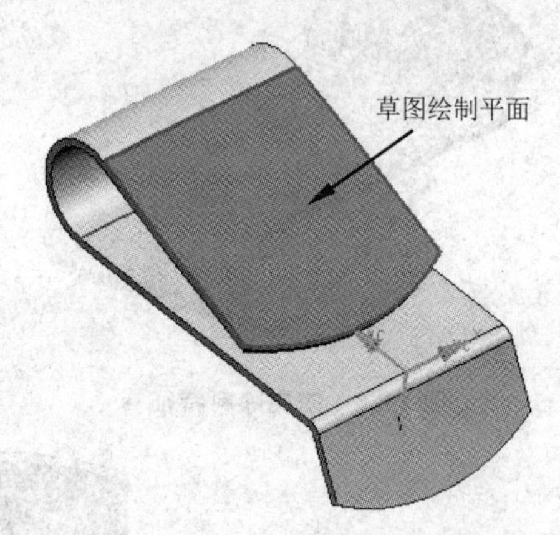

图 14.12　草图绘制平面

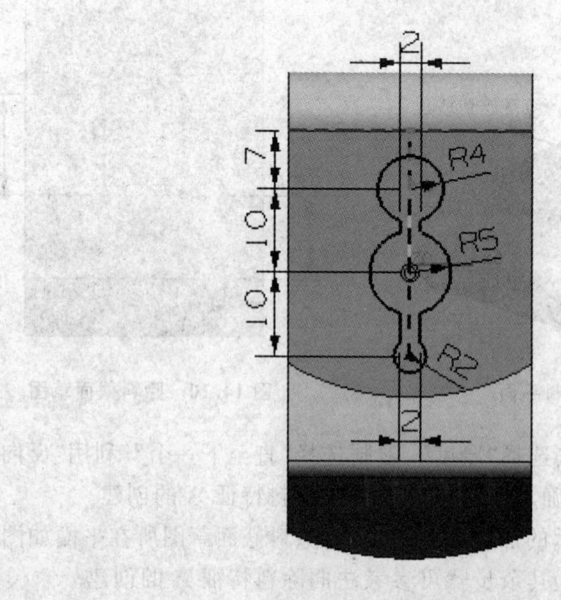

图 14.13　除料截面草图

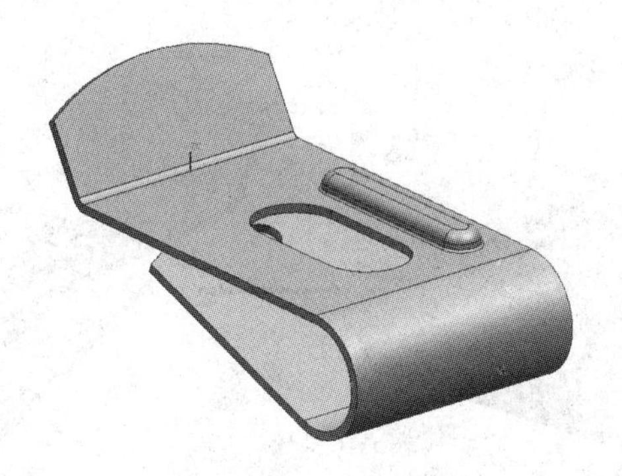

图 14.14　凹坑特征

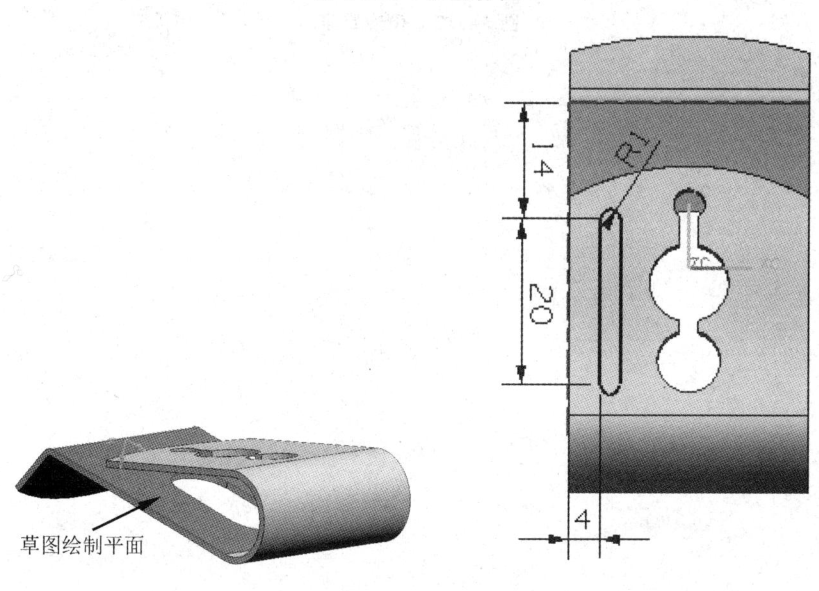

图 14.15　草图绘制平面　　　　图 14.16　凹坑截面草图

(3)定义凹坑属性:深度值为 2,侧角为 5 度,参考深度类型为“内部”,侧壁类型为“材料外侧”,冲头半径为 0.3,凹模半径为 0.3,其余选项默认。

(4)单击“确定”按钮,完成凹坑特征的创建。

Step8:创建如图 14.17 所示的镜像特征。

(1)选择“插入”→“关联复制”→“镜像特征”命令(或单击工具栏按钮),弹出“镜像特征”对话框。

(2)选择镜像对象:选取 Step7 创建的凹坑特征为镜像源特征,如图 14.17 所示,并单击鼠标中键确定。

(3)定义镜像平面:选取 Z-X 基准平面为镜像平面,单击“确定”按钮,完成镜像特征的创建。

Step9:保存零件模型。

单击“文件”→“保存”命令(或直接单击工具栏按钮),完成零件模型的保存。

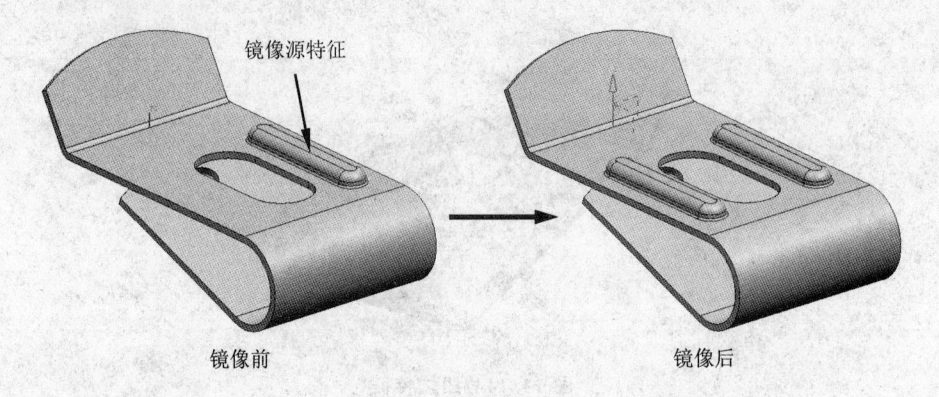

图 14.17　镜像特征

实训项目 15

完成如图 15.1 所示的钣金体。

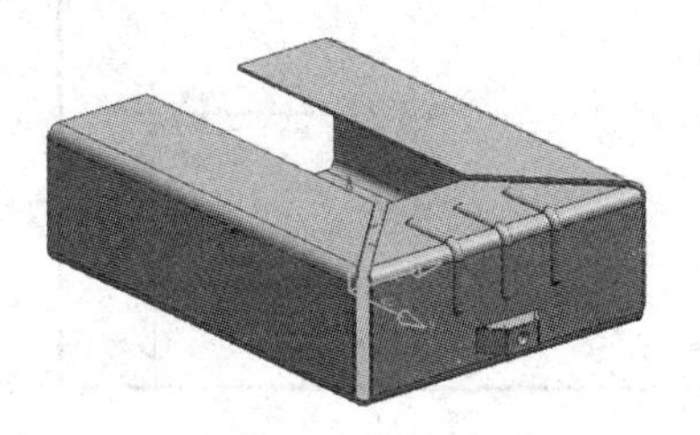

图 15.1　钣金外罩

Step1：新建文件。

选择“文件”→“新建”命令(或直接单击工具栏按钮)，弹出“新建”对话框。新建名称为“project-15.Prt”的钣金文件，设置零件模型单位为“毫米”，并单击“确定”按钮进入钣金环境。

Step2：创建如图 15.2 所示的凸台特征。

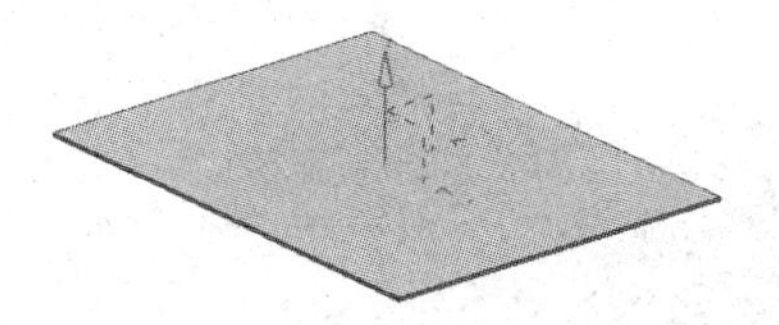

图 15.2　凸台特征

(1)选择“插入”→ “突出块”命令(或直接单击工具栏按钮)，弹出“标记凸台”对话框，如图 15.3 所示。

(2)定义凸台剖面：单击“标记凸台”对话框中的“绘制截面”按钮，弹出“创建草图”对话框。直接单击“确定”按钮，选取系统默认的 XC-YC 平面作为草绘平面，进入草绘环境，绘制如图 15.4 所示的草图。绘制完成后，直接单击完成草图按钮，退出草图环境。

图 15.3　“标记凸台”对话框

(3)定义厚度为 3mm，其余选项默认。单击“确定”按钮，完成凸台特征的创建。

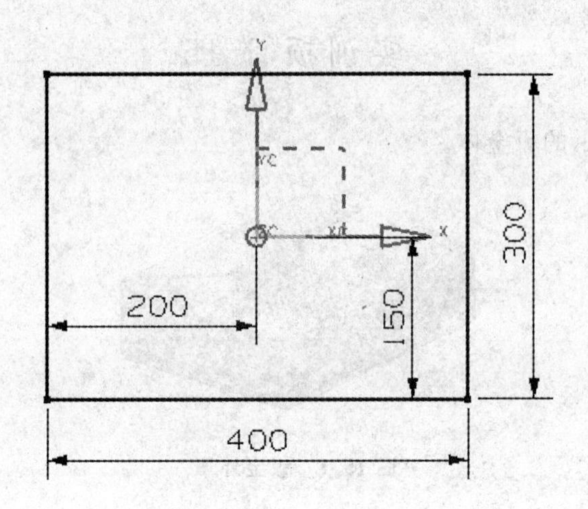

图 15.4　剖面草图

Step3：创建如图 15.5 所示的弯边特征 A。

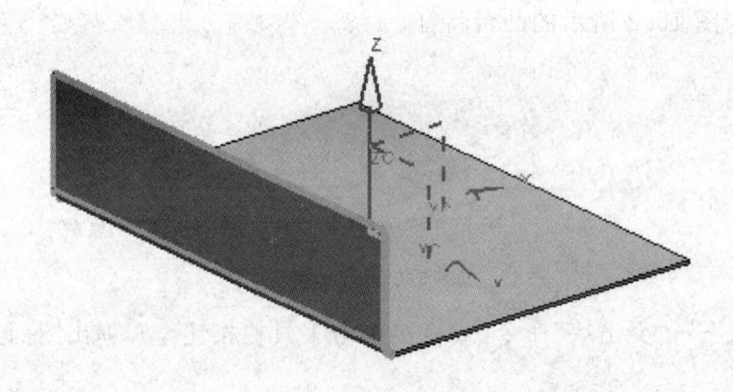

图 15.5　弯边特征 A

(1)选择“插入”→“折弯”→“弯边”命令(或直接单击工具栏按钮),弹出“弯边”对话框。

(2)选取如图 15.6 所示的边线为线性边。

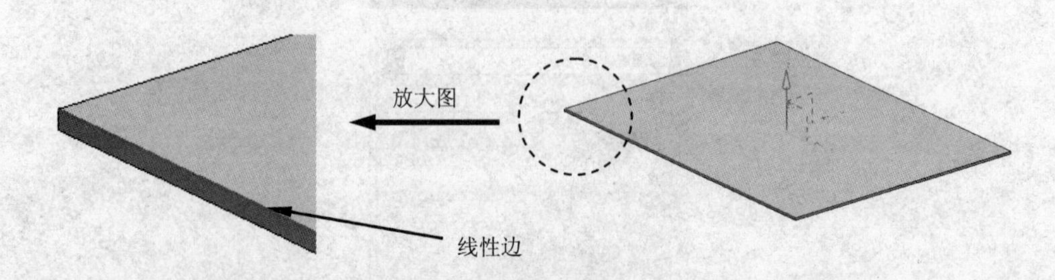

图 15.6　定义线性边

(3)定义弯边属性和参数,如图 15.7 所示。

(4)定义止裂口,如图 15.8 所示。

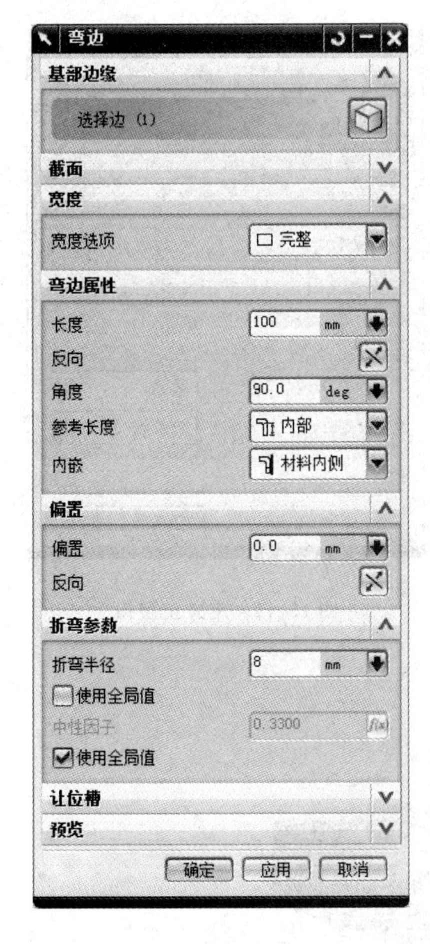

图 15.7 弯边参数设置

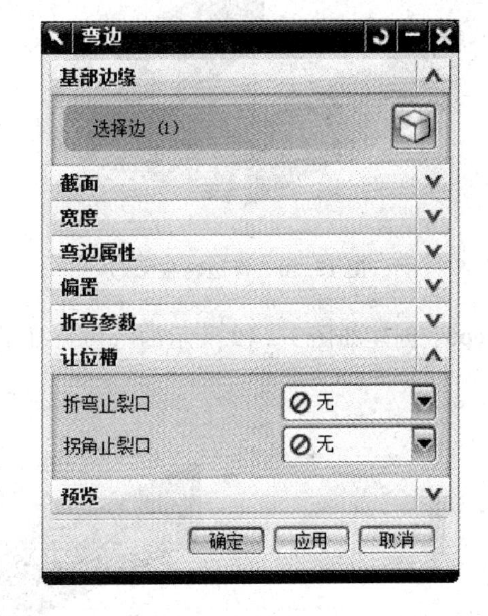

图 15.8 定义止裂口

(5)单击“确定”按钮，完成弯边特征 A 的创建。

Step 4：创建如图 15.9 所示的弯边特征 B，方法同弯边特征 A 的创建。

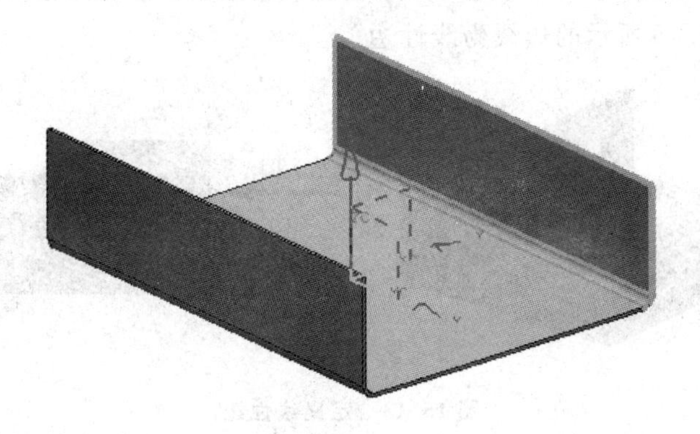

图 15.9 弯边特征 B

Step5：创建如图 15.10 所示的弯边特征 C，方法同弯边特征 A 的创建，唯一的区别在于止裂口的定义，如图 15.11 所示。

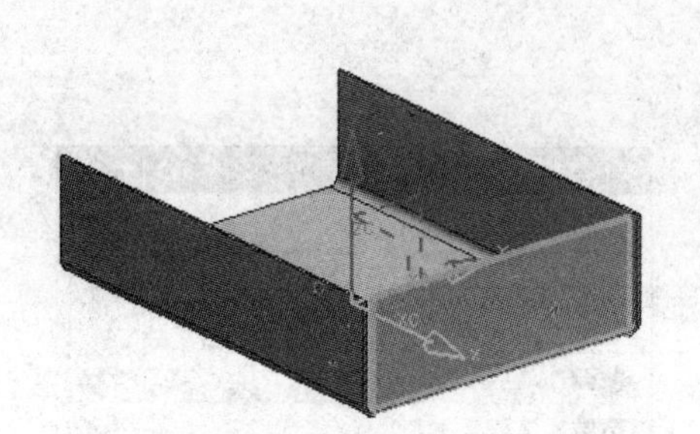

图 15.10 弯边特征 C

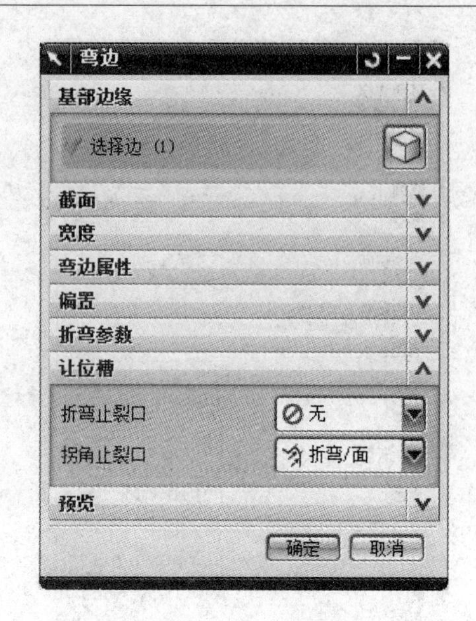

图 15.11 定义止裂口

Step6：创建如图 15.12 所示的弯边特征 D。

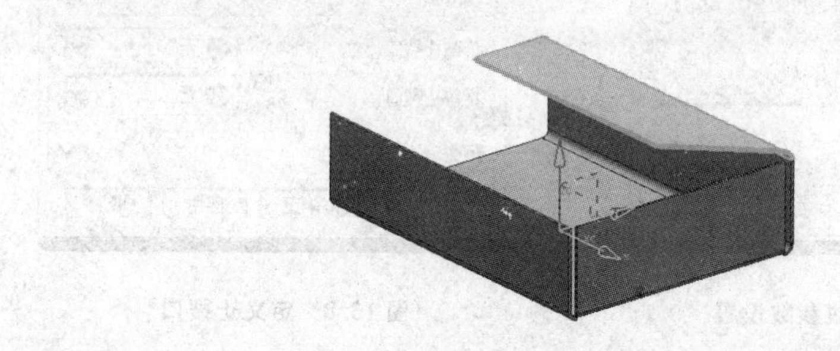

图 15.12 弯边特征 D

(1)选择“插入”→“折弯”→“弯边”命令(或直接单击工具栏按钮),弹出“弯边”对话框。

(2)选取如图 15.13 所示的边线为线性边。

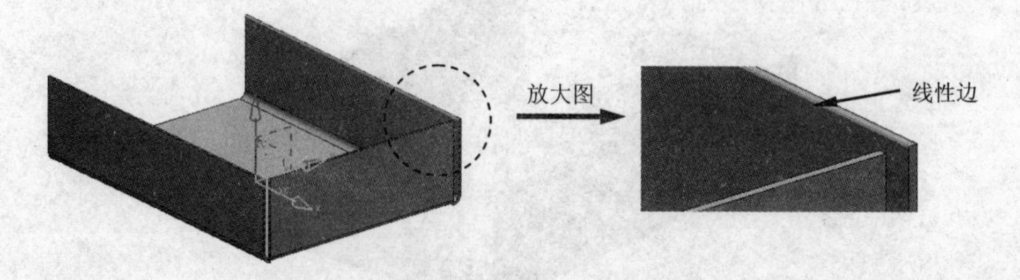

图 15.13 定义线性边

(3)单击“弯边”的对话框中的草绘按钮,进入草绘界面,绘制如图 15.14 所示的剖面草图。

(4)定义弯边属性和参数,如图 15.7 所示。

(5)定义止裂口,如图 15.8 所示。

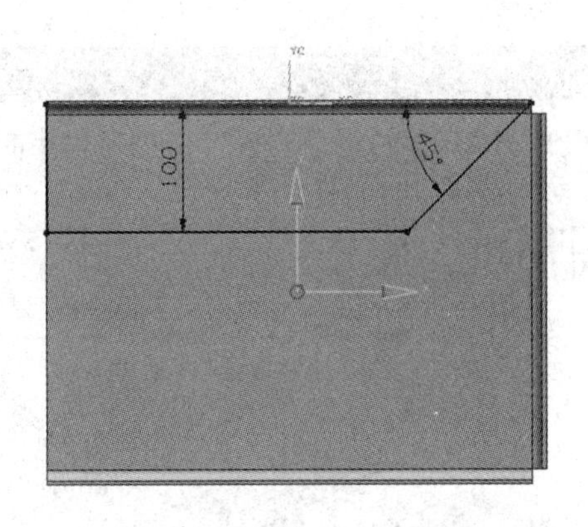

图 15.14　剖面草图

(6)单击“确定”按钮,完成弯边特征 D 的创建。

Step7：创建如图 15.15 所示的弯边特征 E,方法同弯边特征 D 的创建。

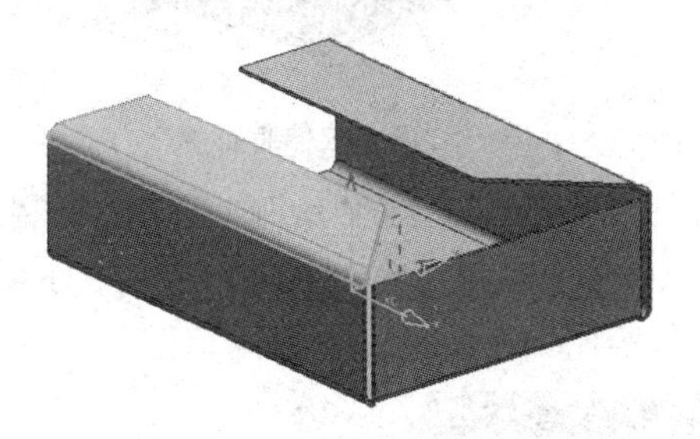

图 15.15　弯边特征 E

Step8：创建如图 15.16 所示的弯边特征 F,方法同弯边特征 D 的创建,唯一的区别在于剖面草图的不同,如图 15.17 所示。

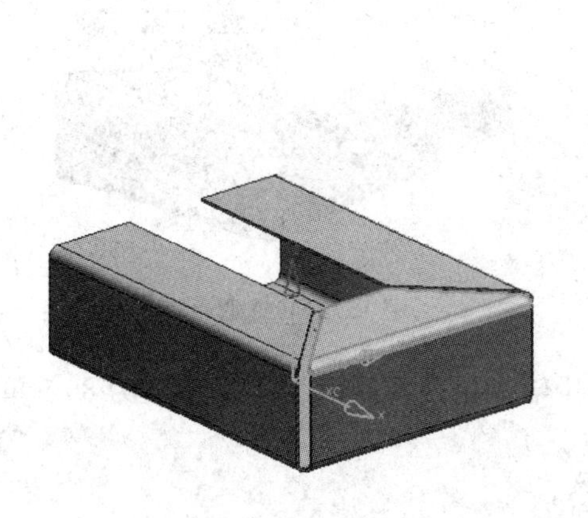

图 15.16　弯边特征 F

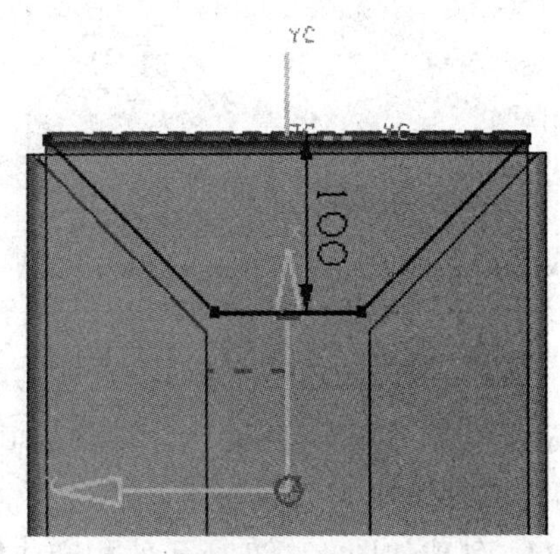

图 15.17　剖面草图

Step9：单击“开始”→“建模”命令,系统弹出“NX 钣金”对话框,如图 15.18 所示,单击“确定”按钮进入建模环境。

Step10：创建如图 15.19 所示的拉伸特征 A。

(1)选择“插入”→“设计特征”→“拉伸”命令(或单击工具栏按钮),弹出“拉伸”对话框。

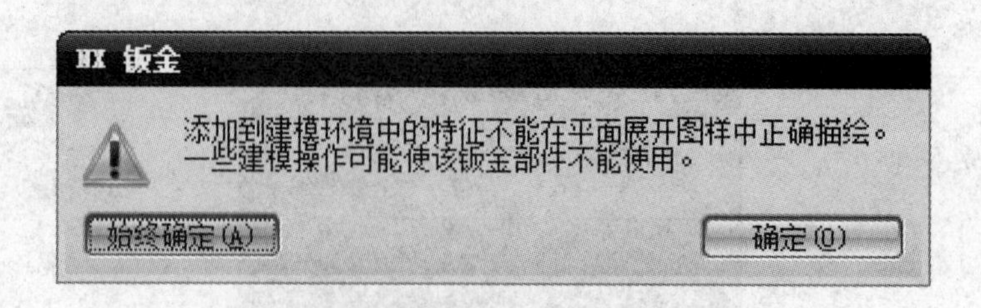

图 15.18 “NX 钣金”对话框

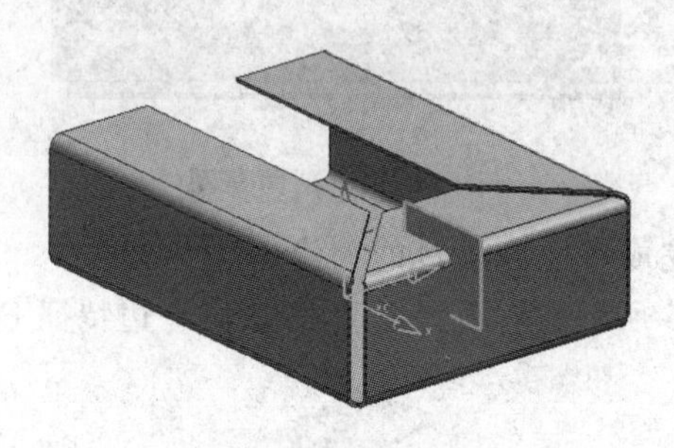

图 15.19 拉伸特征 A

(2)定义拉伸剖面:单击“拉伸”对话框中的“绘制截面”按钮,弹出“创建草图”对话框,如图 15.20 所示。平面选项选择“创建平面”,选取表面如图 15.21 所示,偏置距离输入－100,单击“确定”按钮,进入草绘环境,绘制如图 15.22 所示的草图。

图 15.20 “创建草图”对话框

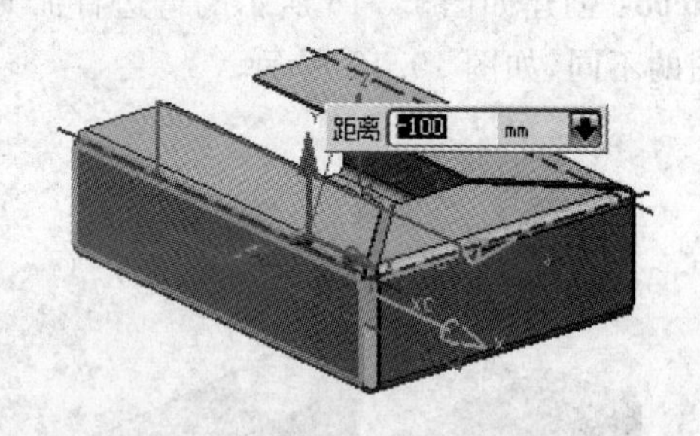

图 15.21 选取平面

(3)定义拉伸方向为,并在“限制”选项组中输入拉伸开始值为 0,结束值为 80。单击“确定”按钮,完成拉伸特征 A 的创建。

Step11:创建如图 15.23 所示的相交曲线 A。

(1)选择“插入”→“来自体的曲线”→“求交”命令(或单击工具栏按钮),弹出“相交曲线”对话框。

(2)定义第一组面:确认“第一组”面按钮处于激活状态,然后选取 Step10 创建的拉伸特征 A 为第一组面,如图 15.24 所示,并单击鼠标中键确认。

(3)定义第二组面:确认“第二组”面按钮处于激活状态,然后选取如图 15.24 所示的模型表面为第二组面,并单击鼠标中键完成相交曲线 A 的创建。

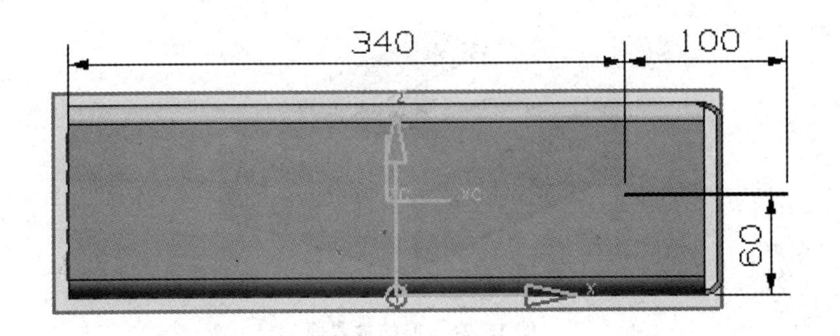

图 15.22 草图

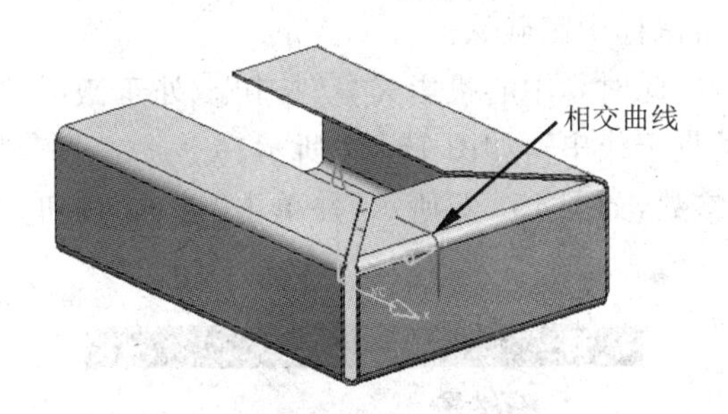

图 15.23 相交曲线 A

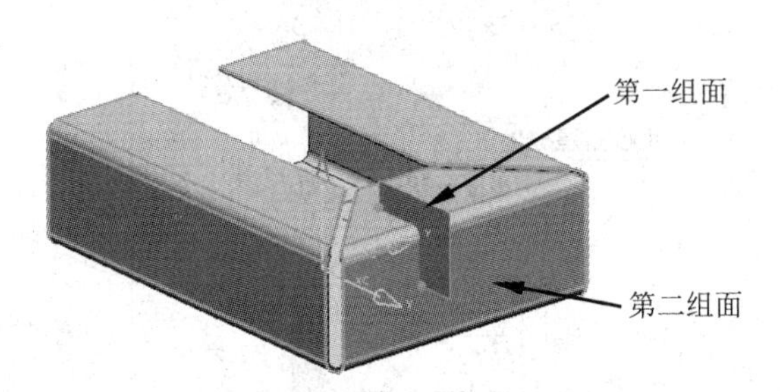

图 15.24 第一、第二组面的选取

Step12：创建如图 15.25 所示的筋特征 A。

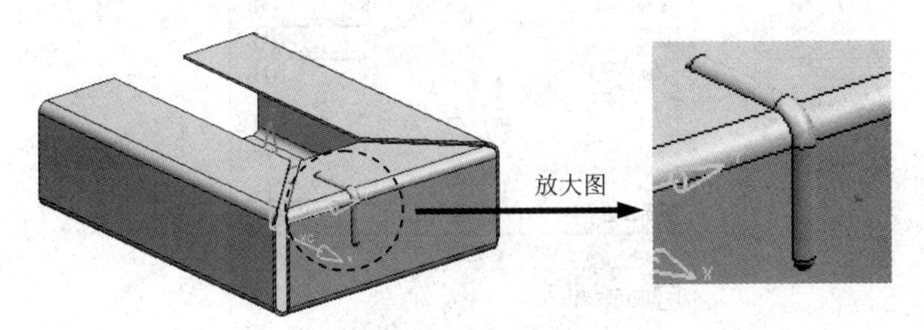

图 15.25 筋特征 A

(1)选择“插入”→“钣金特征”→“焊缝”命令(或单击工具栏按钮)，弹出“筋”对话框。

(2)选取筋的放置面：先确认“放置面”按钮处于激活状态，然后选取如图 15.26 所示的模型表面作为放置面，并单击鼠标中键确认。

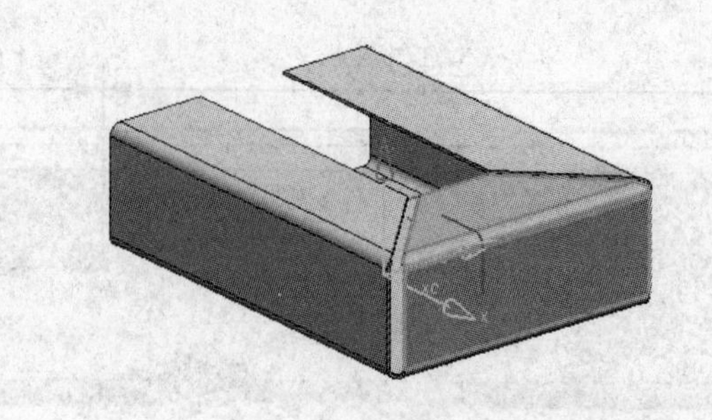

图 15.26　筋的放置面

(3)选取筋的中心线:此时,“中心线”按钮处于激活状态,选取 Step11 创建的相交曲线 A 作为中心曲线板,并单击鼠标中键确认。

(4)指定中心投影矢量:此时,“中心投影矢量”按钮处于激活状态,然后在“中心线投影定义”下拉列表中选取“垂直于线串”,如图 15.27 所示。

(5)定义筋的类型及参数,如图 15.27 所示,并单击“选项”按钮,弹出“筋选项”对话框,选中“附着筋”和“抽空筋”。

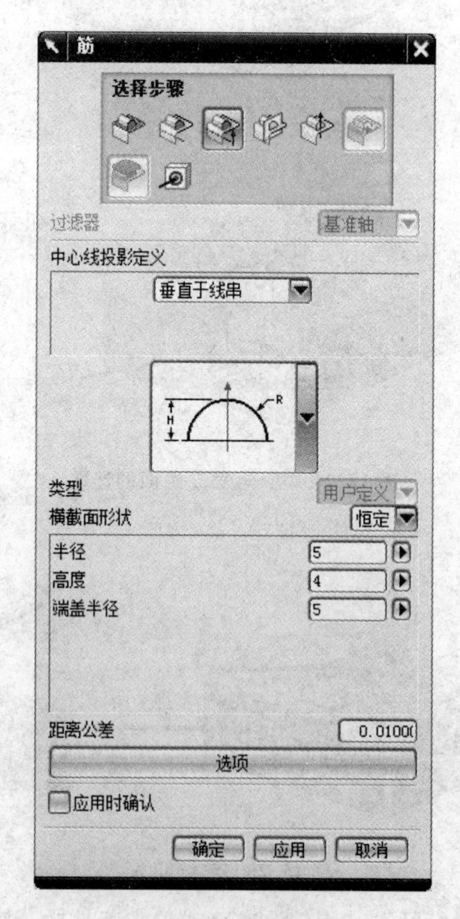

图 15.27　"筋"对话框

(6)单击“确定”按钮,完成筋特征 A 的创建。

Step13:创建如图 15.28 所示的筋特征 B、C,方法同筋特征 A 的创建。筋特征 A、B、C 之间的距离为 50。

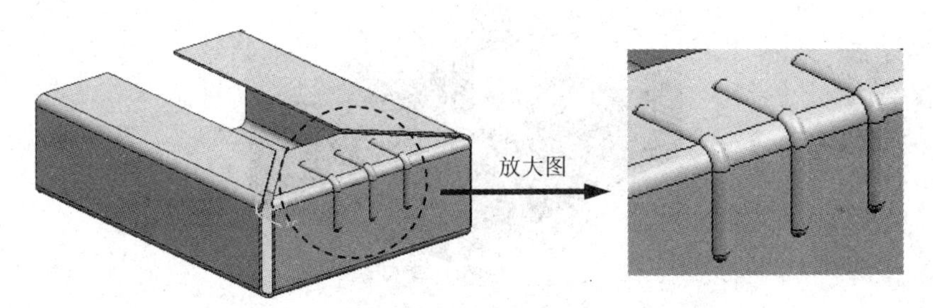

图 15.28 筋特征 A、C

Step14：创建如图 15.29 所示的拉伸特征 B。

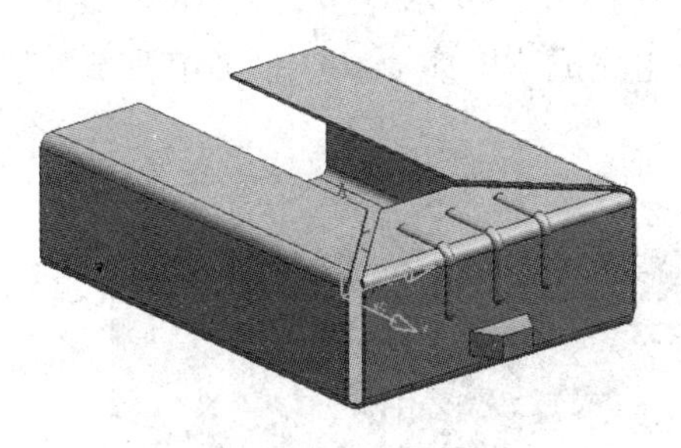

图 15.29 拉伸特征 B

(1)选择“插入”→“设计特征”→“拉伸”命令(或单击工具栏按钮)，弹出“拉伸”对话框。

(2)定义拉伸剖面：单击“拉伸”对话框中的“绘制截面”按钮，弹出“创建草图”对话框。平面选项选择“创建平面”，选取下底面，偏置距离输入一30，如图 15.30 所示，单击“确定”按钮，进入草绘环境，绘制如图 15.31 所示的草图。

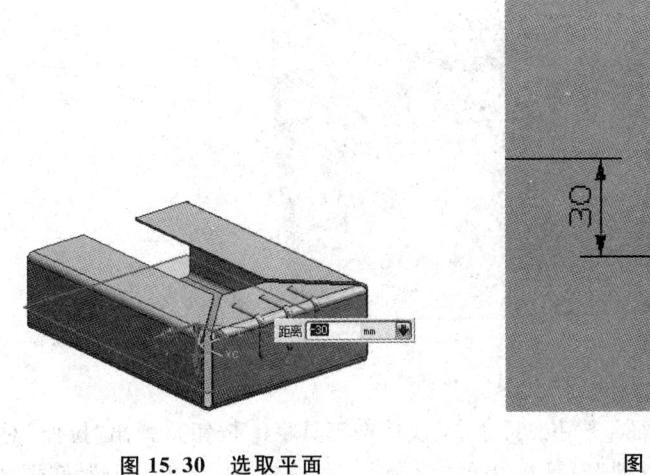

图 15.30 选取平面

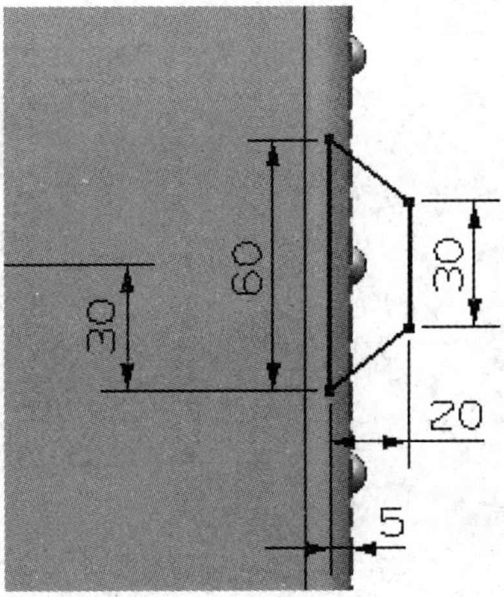

图 15.31 草图

(3)定义拉伸方向为系统默认方向，在“开始”下拉列表中选择“对称值”，并输入距离为10，其他选项默认。单击“确定”按钮，完成拉伸特征 B 的创建。

Step15：创建如图 15.32 所示的孔特征。

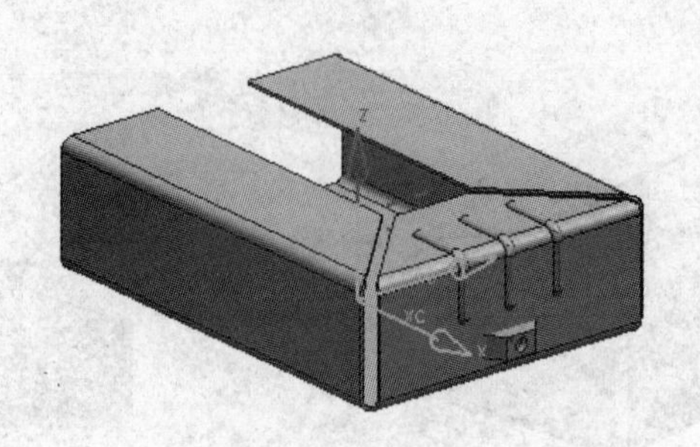

图 15.32　孔特征

(1)选择“插入”→“设计特征”→“孔”命令(或单击工具栏按钮),弹出“孔”对话框。

(2)选取孔所在的平面如图 15.33 所示,进入草绘环境,绘制一个点作为孔的中心点,该点位于矩形面的几何中心。单击完成草图按钮,重新回到“孔”对话框。

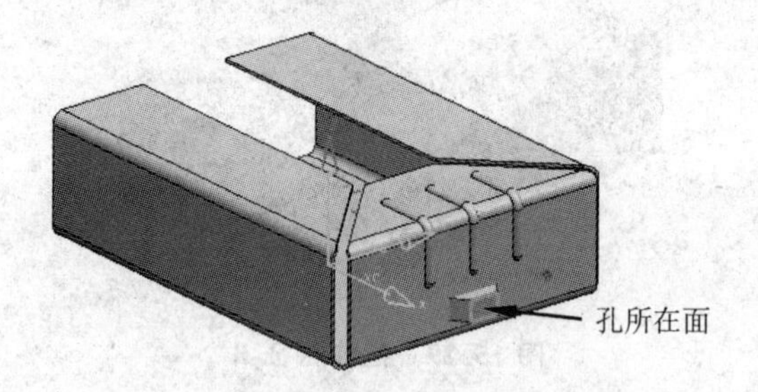

图 15.33　孔所在面

(3)定义孔的直径为 12,深度为 8,尖角为 0,其余选项默认。单击“确定”按钮,完成孔特征的创建。

Step16:创建如图 15.34 所示的拉伸特征 C。

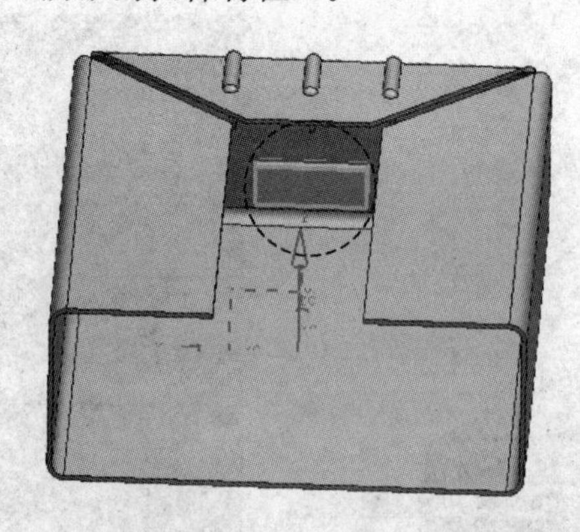

图 15.34　拉伸特征 C

(1)选择“插入”→“设计特征”→“拉伸”命令(或单击工具栏按钮),弹出“拉伸”对话框。

(2)定义拉伸剖面:单击“拉伸”对话框中的“绘制截面”按钮,弹出“创建草图”对话框。平面选项选择“现有平面”,选取平面如图 15.35 所示,单击“确定”按钮,进入草绘环境,绘制如图 15.36 所示的草图。

(3)定义拉伸方向为系统默认方向,开始距离为 0,结束距离为 10,并与拉伸特征 B 进行求

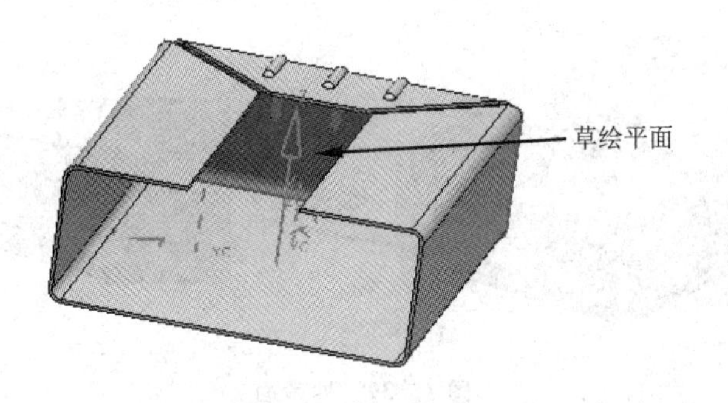

图 15.35　选取平面

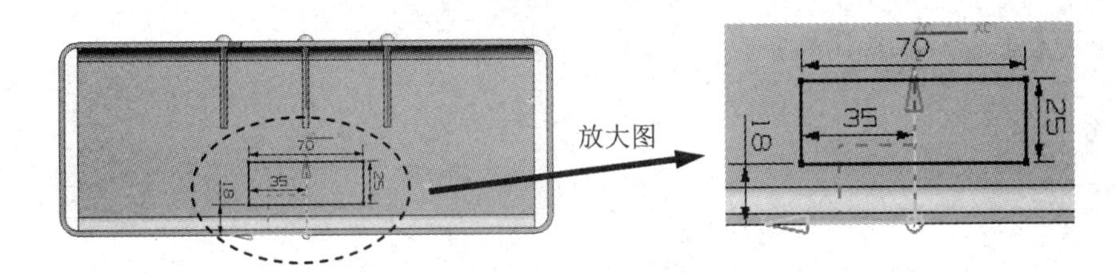

图 15.36　草图

和，其他选项默认。单击“确定”按钮，完成拉伸特征 C 的创建。

Step17：创建如图 15.37 所示的实体冲压特征。

(1)选择“插入”→“钣金特征”→“实体冲压”命令(或单击工具栏按钮)，弹出“实体冲压”对话框。

(2)类型选择“冲孔”。

(3)定义目标面：此时，“目标面”按钮已处于激活状态，选取如图 15.38 所示的面为目标面。

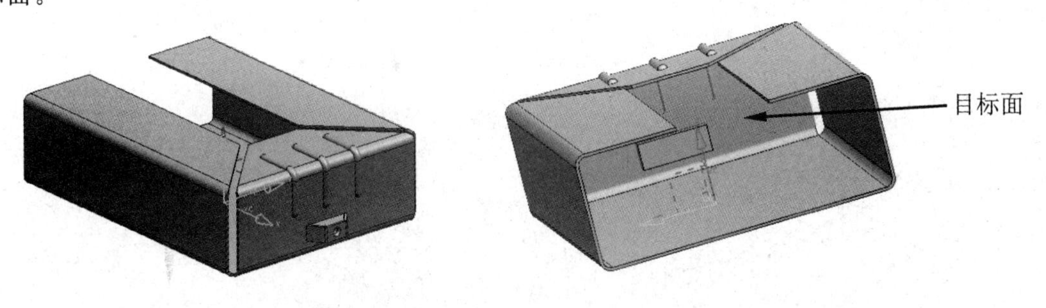

图 15.37　实体冲压特征　　　　图 15.38　目标面

(4)定义工具体：此时，“工具体”按钮已处于激活状态，选取拉伸特征 C 为工具体。

(5)定义冲裁面：此时，“冲裁面”按钮已处于激活状态，选取如图 15.39 所示的面为冲裁面。

(6)其他选项默认，单击“确定”按钮，完成实体冲压特征的创建。

Step18：保存零件模型。

选择“文件”→“保存”命令(或直接单击工具栏按钮)，完成零件模型的保存。

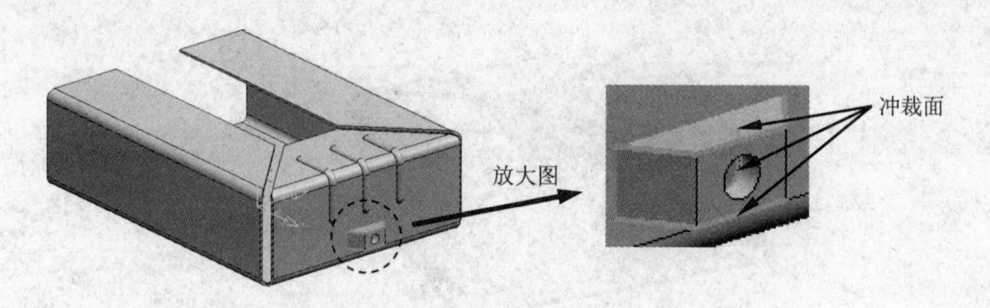

图 15.39　冲裁面

参考文献

[1] 展迪优. UG NX 4.0 钣金设计教程[M]. 北京:机械工业出版社,2008.
[2] 展迪优. UG NX 4.0 钣金实例精解[M]. 北京:机械工业出版社,2008.
[3] 张云杰. UGNX4.0 中文版基础教程[M]. 北京:清华大学出版社,2007.
[4] 严冀飞. UG NX4 钣金设计培训教材[M] . 北京:清华大学出版社,2007.
[5]张云杰,张云静. UG NX 5.0 钣金件设计[M] . 北京:清华大学出版社,2008.